キミはずっと家族

ペットだなんて呼ばないよ

「キミはずっと家族」発刊委員会・編

文芸社

目次

えらかったね、ヤオ

猪狩　玲子

あれは、遠い昔、私が中学三年生の頃のこと、茶トラねこを飼っていた。

父の知り合いからもらってきた胸と足が白く、あとは茶トラもようのねこだった。ニヤオ、ニヤオと鳴いてばかりいるので、名前はヤオになった。

父がすごく口うるさい性格なので、ヤオのトイレはきびしくしつけられていた。そのせいか、ヤオは家の外でトイレを済ませるようになっていた。

家の中ではねこ好きの私が、一番ヤオをかわいがるようになっていた。

いつもは、ごはんにかつおぶしとかみそ汁の残りをかけまぜただけのえさだったが、私は、父にかくれてまぐろのフレークとか、おかずの残りをあげていた。

忘れもしない、ヤオが家に来て三年目の冬のことだった。

ヤオは、寒いので、まっ黒な灰で体中をよごして家のごえもん風呂のかまどの中にいた。

灰だらけのヤオが歩きまわって家中をよごすので、父はものすごくしかった。父に頭をたたかれたり、えさをもらえなくなったりしていた。

近所にハトを飼っている家があった。小屋に八羽くらいいて、ときどき放し飼いにして飛ばしていた。

二月のある日、ヤオがハトをくわえて家に帰ってきた。そしてハトの飼い主のおじさんが後から家にやってきたのである。

「おたくのねこにもう二羽も取られてるんだよ。一羽二千円もするんだよ。弁償してもらうからな」

と、えらい剣幕でのり込んできた。父はすぐにハトの飼い主の家に四千円をもってあやまりに行った。昭和四十年代の頃の私の家は、すごく貧しかったので、二千円、四千円は大金だった。

次の日父は、ダンボール箱に入れたヤオをバイクに積み、四キロくらい先の山に捨てに行こうとした。

私は泣きながら父に頼んだ。

「捨てないでよ、やだよ、やだよ」

しかし、父はまるで聞き入れてくれなかった。

目の不自由な母も、父に言ってくれた。

「父ちゃん、捨てんのだけは堪忍してよ。玲子がかわいそうだよ、あんなに泣いて頼んでんだよ」

父は、怒って母をなぐった。

「うるさい、だめだ。こっちは四千円も金がなくなったんだからな。ヤオは捨てるからな」

私は母がなぐられたのを見て、我慢できなくなり、

「父ちゃん、ひどいよ。母ちゃんは何も悪いことしてないよ。なぐるなんてあんまりだよ」

と言って、そばにあったスリッパを父に投げつけた。

父は、顔を真っ赤にして私に向かってきた。

「おめえは親に向かって何しやがるんだ。このバカが！」

そう言うと、父は、バイクに乗ってヤオを捨てに行ってしまった。私は父がにくくてにくくて仕方なかった。

それから三日目の日曜日の午後三時頃のこと。私が家の中にいると、玄関の外でかぼそく鳴くねこの鳴き声が聞こえた。

「ニャー、ニャー」

と、とても弱々しい鳴き方だった。

私が戸を開けると、泥にまみれて汚れたヤオがいたのだ。私はうれしさより父に見つかったら大変と、父が外出していたのをいいことに、二階の自分の部屋にかくした。

でも、夜、ヤオの鳴き声で父に見つかってしまった。

「何だ、これは。玲子、お前が見つけに行ったのか！」

「違うよ、父ちゃん。ヤオが自分で帰ってきたんだよ、もう捨てさせないよ。やだからね」

私は父に大声で叫んだ。

「だめだ。明日もう一度、もっと遠くに捨てに行くからな」

父はそれだけ言うと、何も話さなくなった。私は、もう二度とヤオをかわいそうな目に遭わせたくないと、いろいろ考えた。

急いで電話でヤオのことを兄に相談してみた。兄はすでに結婚していて、水戸に住んでいた。

「うん、そうか。事情はわかった。明日会社を休んでそっちに行くよ。おれもヤオはかわいいからな」

私は、少しうれしくなっていた。父と兄はあまり仲が良くなく、父は兄のことをきらっているのだった。

次の日の昼前、兄は車で家に来た。父は仕事に行っていていなかった。私は父に気付かれないように、仕事に行くふりをして家に戻ってきた。

「あんちゃん、ヤオのこと本当に世話してくれたんだよね」

私は、兄にすごく感謝《かんしゃ》していた。

「うん、そうだな。だけど今回だけだよ。うちも、二才と三才の子供がいるからな。玲子もたまには電車に乗ってヤオに会いに来いよ」

と、兄は話した。

私は、ためておいた自分のこづかいを全部兄に渡そうとした。

「これでヤオのえさ買ってよ、あんちゃん」

兄は、

「いいよ、このお金はお前がうちに来る時の電車賃にしろよ」

私は、兄の思いやりの心がうれしかった。

「うん、そうするよ、あんちゃん。ヤオのこと頼んだね、ヤオ、もう父ちゃんに捨てられないからね。夏になったら行くからね。ヤオ、バイバイ」

と言って、私はヤオを抱きしめたのだった。

兄とヤオは行ってしまった。私は心の中で何度も思っていた。

「ヤオ、よく父ちゃんに捨てられてもがんばって戻ってきたね。えらかったね。ヤオ」

私はいつまでも涙が止まらなかった。

心の目を持つ猫

ももその　みかん

この話は、今から二十年程前の話。

私と両親・弟は動物が大好きだ。実家で生活した約三十年間、常に動物がいた。

私は、夜勤明けで帰宅後、近所の共同温泉へ歩いて行く事にした。その日は、昨夜からずっと雨が降り続き、肌寒かった。私は、ある事がとても気になり、雨の中を歩いて出掛けた。

数日前より、自宅のすぐ近くに子猫が捨てられていたのだ。私は、子猫を拾って帰りたかったが、家の中には室内犬が二匹居た為、目をつぶり足早にその場を通るか、その道を避け、子猫を連れて帰りたいという気持ちをぐっとこらえていた。しかし、今日はどうしても気になり、様子を見に行く事にした。いつも子猫達は、大きな声で鳴いていたが、今日は鳴き声が小さい。ひょっとして、一、二匹拾ってもらえたのか？　と少しだけ期待しながら、箱の中を覗き込んだ。期待外れだった。皆極度に衰弱し、声にならない声を出していた。私は、その場から立ち去る事ができず、持っていた洗面器の中に、子猫達を拾い入れた。捨てられていた子猫は六匹、うち一匹は死んでいた。もっと早く助けておけば、この子猫は死なずに済んだと後悔した。

私は急いで家に戻り、母に助けを求めた。母は私を見て呆れたが、怒る事はなかった。

「なんで子猫を拾ったの。それも五匹。なんで一匹だけにしなかったの」

私は、母に言い返した。

「皆、死にかけてた。死にかけている子猫の中から、一匹だけ選べって言われても、私は命を選ぶ事などできない。無理やわ。今、ここで助けなかったら、皆死んじゃう」

母はしばらく黙っていた。そして母は言った。

「この子猫を助けたいんやったら、バケツにぬるま湯を取ってきて」

私は急いでぬるま湯を準備し、母の所へ持って行った。母は、冷えきった子猫達の体をぬるま湯につけ温めた。私は古いタオルを持ってきて、湯につかった子猫の毛を乾かした。そして、人肌程度に温めた牛乳を子猫達の所へ持って行ったが、どの子猫も牛乳を舐めようとしなかった。猫用のミルクでなかった事と、どの子猫もまだ目が開いていないのだ。その様子を見ていた母は、どこからかスポイトを探し出し持ってきた。母は、そのスポイトを使い、一匹ずつ牛乳を飲ませた。牛乳を飲み終え、お腹いっぱいになった子猫はウトウトし始めた。

子猫の中に、片目を怪我した茶トラのメス猫がいた。私は母に頼み込んで動物病院へ連れて行った。獣医から「可哀相だが、この目は見る事も光を感じる事もできない。目のケガが原因で、脳へ何らかのバイ菌が入り脳のダメージ等も出るかもしれない。そうなると子猫が苦しむ事になる。一つの手段として安楽死があるが」と説明を受けたが、必死に生きようとしている子猫を前に、母も私も獣医の説明に納得できず、目薬と軟膏、内服薬を処方してもらい、自宅へ連れて帰った。

私は目を怪我した子猫に「まあちゃん」と名付け、気にかけた。

まあちゃんは、片目が失明しているだけで、他の兄弟猫と何ら変わりなく、元気に成長した。他の兄弟猫達は動きが激しいが、まあちゃんは穏やかで大人しく、優しい猫だった。また、まあちゃんは、他の兄弟猫達と比べ、一番私の所に来てくれた。仕事から帰ると玄関に出てきてくれる事もよくあった。また、私が仕事の事でストレスをため、イライラしていると私の足元に来てくれた。私が愚痴を言うと暫く私につきあってくれた。

ある日、私が喘息発作を出して苦しんでいると、まあちゃんが心配して私の側に来てくれた。私が「まあちゃん、心配させたね。大丈夫よ」と言うと、私の言葉を理解し、安心したのか、私から離れ、他の兄弟猫達とじゃれて遊び始めた。

まあちゃんには片目がない。しかし、代わりに心の目を持った猫ではないかと思う事があった。私に元気がない時や落ち込んでいる姿を見ると呼ばなくても私の所に来てくれた。「元気出して。大丈夫だよ」と、私をはげましてくれているようだった。まあちゃんは、私にとって不思議な存在だった。親友のような、姉妹のような、大切な存在には間違いなかった。

そんなある日、我が家は大変な事になった。母の腰痛が悪化し、入院して手術をする事になった。母の入院に合わせたかのように、猫達もとんでもない事になったのだ。人間で言うところのインフルエンザのようなものに、皆、感染したのだ。私は母の病院へ行き、その後、猫達を数回に分けて病院へ連れて行った。おまけに、私自身、疲労とストレスで喘息が悪化してしまい、点滴を受けるためほぼ毎日病院へ通うことになってしまった。四、五日病院のはしごが続いた。日を追うごとに母の術後の状態は良くなり、私の喘息も良くなった。猫達は、一匹を除いて皆快方へ向った。その一匹の猫とは、私の心友《しんゆう》、一番大好きで、一番大切なまあちゃんだった。まあちゃんを病院へ連れて行くと、獣医からは「この状態で助けるのは難しい」と言われた。この言葉が私の胸に深く突き刺さった。ただ後悔だけしかなかった。なぜ、もっと早く病院へ連れて行く事ができなかったのかと。

まあちゃんを連れて帰ると、こたつの中にそっと寝かせ、楽な姿勢をとらせた。私はまあちゃんの頭をなでながら謝った。「まあちゃん、ごめんね。まあちゃんが一番きつい思いをしてたのに、私は気付いてあげられなかった。まあちゃんからいつも元気付けてもらうばっかりで、私は何もできなかった。ごめんなさい」と。

　私は家事をしながら、まあちゃんの様子を見ていた。すると、寝かせたはずのまあちゃんが座っていた。周りに他の兄弟猫が集まり、まるで井戸端会議でもしているかのようだった。私は、まあちゃんに「すぐ帰ってくるからね」と声をかけ、母が入院する病院へ出掛けた。

　一時間もせず帰宅した。部屋に入り、一番にまあちゃんの所へ行った。出掛ける前は、まあちゃんは座っていたが、こたつの中で寝ていた。とても穏やかで、先程までの表情とは違う。

「まあちゃん、少し楽になったの？　帰ったよ」と声をかけたが、ピクリとも動かない。頭をなでると冷たくなっている。何度も名前を呼んだが、再び目を開ける事はなかった。

　私は、家の裏にある私の大好きなキンモクセイの木の横に、まあちゃんを静かに眠らせた。私は、まあちゃんに心配をかけないよう笑顔で見送ろうとしたが、涙があふれ止まらなかった。

出会いと別れ

小野　啓

　その日、四月恒例《こう》の歓送迎会を終《お》え、ほろ酔《よ》いの火照《ほて》りを冷《さ》まそうと、徒歩を選《えら》んだ。大通《おおどお》りへ出て、真《ま》っ直《す》ぐ戻《もど》ろうと、決《き》めた。十五分はかかる。その大通りに出る手前の小《こう》路《じ》の、ほの暗《ぐら》い街灯《がいとう》の下に、何やら蠢《うごめ》いていた。よく見ると、子猫《こねこ》が二匹《ひき》、寄《よ》り添《そ》って動いていた。そばのダンボール箱《ばこ》から抜《ぬ》け出したものと見える。捨《す》て猫《ねこ》だ。近寄《ちかよ》ると、一匹はすばやく逃げた。残った一匹は、私を見上げて、ニャーと鳴いた。おだやかなのがいい。トラ毛だった。飼《か》ってやろうか。気まぐれごころが動いた。抱《だ》き上げて、家に戻《もど》った。

　人間にも猫にも相性《あいしょう》というのがあるのか。犬や猫には、何かと顔をしかめる家内も、不思議とこの猫にだけは、愛想《あいそ》がよかった。見れば、子猫にはどことなく愛嬌《あいきょう》があった。家内は、すすんでトイレのしつけも買って出た。名前だって、彼女が「ミー」と付《つ》けた。情《じょう》が移ったのだろう。子猫もよくなついて、よく食べた。目に見えて大きくなっていった。

最初、野良《のら》だった習癖《しゅうへき》が出て、食事時になると勝手に台所に来て、さかななど並んだ料理に手を出そうとした。パシッ！　と、その手を叩《たた》くと、二度と手を出すことはなかった。じっと、自分が餌《えさ》（食事）をいただけるまで待っているのだった。「ミーは、人間さまより利口《りこう》だな」（いい猫《ねこ》に会った）我《われ》ながら、目が高い、思いだった。

その頃、わが家の息子二人は、大学生になっていた。ふだん下宿生活で、家にはいない。戻《もど》っても、親が煙《けむ》ったい年頃《としごろ》なのか、会話もないし、居つかない。かわいげがない。（自分ひとりで、大きくなったような顔をして……）家内ともども、愚痴《ぐち》ることがある。ミーは、呼ぶと、ゴロゴロのどを鳴らして、すり寄ってくる。「ミーの方《ほう》が、よっぽど可愛いわ」ミーは、私たち夫婦のペットになった。寝るときも一緒になった。完全に家族の一員だった。仕事に出ていると、束《つか》の間《ま》ミーのことは忘れていても、終わるともう一目散《いちもくさん》、私は取って返《かえ》した。

猫を飼《か》っていて困ることが一つ。犬のようにクサリで繋《つな》ぎ止《と》めておくことが出来ないこと。いつの間《ま》にか、いなくなってしまう。「やっぱ、ご主人さまに似るのかしら」酒食の付き合いが多く、他出することの多い私に、時に、家内は当てつけがましい。「早く帰って来るよ」私自身、ミーのことが気になるものだから、「近《ちか》ごろ、付《つ》き合《あ》いが悪いぞ――」仲間に謗《そし》られながらも、早く帰宅することになる。一年二年、事もなく過ぎた。

「ミーはメスだから、そろそろ避妊手術やっとかなくっちゃ」

二人談合の上、獣医のところに連れて行った。

猫の股間《こかん》をなでて、即座に医者は言った。

「——オスですよ」

「ほら、ごらんなさい。いつもはかくれていて、仲々判《わか》らんもんですよ」

押《お》さえた指《ゆび》の先に、小さなペニスが顔《かお》を覗《のぞ》かせた。「去勢《きょせい》手術しておきましょう」とんだ失敗をするところだった。

一緒に暮らして三年目ぐらいからか、随分《ずいぶん》ミーのハンターぶりが目につくようになった。一番元気なときだったのだろう。夜、いつの間《ま》にか帰って来て、私どもの寝室の片隅で、ごそごそやっている。台所の方《ほう》でごそごそやっているときもある。（おかしい？　何事だろう）目ざめた私が、部屋の灯《あか》りを点《とも》してみて驚いた。小さな蛇をくわえて来て、じゃれついているのだ。「うわァ」私の大声に、ミーの方が後《あと》ずさり。その間《あいだ》に蛇めはタンスのうしろに逃《に》げ込《こ》んでしまう。私たちは、眠気《ねむけ》も吹《ふ》っ飛《と》んで、蛇をタンスのうしろから引きずり出すのに、大汗をかいた。コウモリのときも、蛙《かえる》のときもあった。その都度、私どもが大騒《おおさわ》ぎするものだから、利口なミーは獲物《えもの》を部屋の中に持ち込むことはしなくなった。それでも本能なのか、昼でも木に登ってセミを捕《と》ったり、トンボをくわえて来たりした。冬になると、寒いのが苦手《にがて》なのか、余《あま》り出歩《である》かなくなり、コタツの中で、目を光らせていることが多くなった。

わが家は新興住宅地の中にあって、近年めっきり車の往来《おうらい》が激しくなった。裏手にはいまも田圃《たんぼ》や畑が点在し、小さな水路もいくつかある。表の道には、たぬきやいたちが車に轢《ひ》かれて骸《むくろ》を曝《さら》していることがあった。その骸にまた烏《からす》が群がっていることもあった。

ミーがわが家に来て、五年目の十二月八日のことだった。朝六時半、顔を洗い、ヒゲを当《あ》たっていた。

「ギャー」

猫の悲鳴が聞こえた。通勤の車もまばらな時間帯。ブレーキの音もなかったように思うが、轢かれたに違いない。そんな悲鳴だった。ミーか。私は表へ飛び出していた。二軒ほど先《さき》の路上に、うずくまっているミーを見つけた。駆《か》けた。ミーは顔を上げ、私を認めると、ニャーと小さく鳴いた。あたりに血痕はない。外傷もない。だが立ち上がらない。立てないのだ。うしろの両足がだらり地面についていた。轢き逃げか。単車にやられたのか？　路上、左右に目を凝《こ》らした。車影すらない。わずか一、二分の間《あいだ》に、路地へ入《はい》って遁《の》がれたのか？　人気《ひとけ》とてなかった。

抱《だ》きかかえて、連《つ》れて戻《もど》ると、

「おい、ミーが、やられた！」

家内も飛んで来たが、どうすることも出来ない。ミーは「ニャー、ニャー」と悲しげにか弱い声を洩らすだけ。哀願するような眼差《まなざ》しに胸がつまった。

獣医の先生宅へ電話をした。早朝の電話に、先生、少《すこ》し機嫌《きげん》わるそうな口ぶりだった。

「とにかく、連れて来なさい」

たかが猫のためにと人は笑うかも知れないが、私たちはヒゲも剃《そ》りさし、家事もおっぽり出して、軽四で、病院へすっ飛んだ。レントゲンを撮って、訊《き》かれた。

「うしろ足二本、折れてますな。支《つっか》え、入《い》れたら、どっちが楽かな。……最悪の場合、足一本失《な》くしてもいいですか？」

……私は、近所の自転車屋のワンちゃんが、事故で片足を切断しながら、三本足でけなげに生きている姿を、思い出していた。

「いいですよ、助かるのだったら」

命さえあればいい。足の一本、失くしても、私たちが支えになってやれば、いい。仕事は辞《や》めてもいい。私は、そう思った。手術は少し時間を置き、様子を見て、落ち着いてからする、と先生は言った。ミーは、手術台の上に載《の》っけられていた。身動き出来ず、不安そうだった。元気だったら、遁《に》げ出したい思いだったに違いない。「ミー、がんばれよ」励《はげ》ましてやると、「ニャー」と答えるのだった。あとは目を閉じて、運命に懸命に堪《た》えているふうで、いじらしかった。手術は長くかかるし、手術がすんでも、今日一日は様子を見なければならぬ、明日迎えに来ればよい、心配いらんよ、先生は笑って言った。信じるしかない。私は急に、ヒゲも剃りさし、自分の仕事のことが気になり出した。

「俺、ヒゲ剃ってから、仕事に出るわ。……会社へ、一寸遅《ちょっとおく》れると電話入れといて……お前もいっしょに戻ってくれ」

家内に耳うちし、ミーの方を見て、

「明日《あす》、迎えに来るからな。おとなしくしてるんだぞ」

頭を撫《な》でてやると、また、ニャー、ニャーと鳴いた。二人揃って部屋を出ようとすると、気配で察して、目を見開いて、ニャー、心細そうに鳴いた。

その晩はまんじりともしなかった。病院からは、八時になっても九時になっても連絡はなかった。業《ごう》を煮やして、電話した。……

「あの猫ね、見た目以上にあちこち打っていて、躰《からだ》が弱ってて、ダメでした。……手術代はお返《かえ》しします」無責任な返事だった。

医者の人間を見抜《みぬ》けなかった自分を恥じた。ミーの遺体を荼毘《だび》に付《ふ》して、詫《わ》びた。

スコッティ

宮本　倫好

そのイヌは黒い柴犬だったのに、娘はスコッティという洋風の名前をつけた。英国に滞在していた時、スコットランド人の友達のお城のような家に招かれて、娘はウマに乗ったり、広い庭で貴族的な大型犬コリーと遊んだりした。間もなく私に帰国の辞令が出たが、

「日本ではきっとコリーを飼って」

と娘は言い張った。一九七〇年代といえば、まだまだ生活も厳しく、大型犬などとんでもなかった。妥協の結果、黒柴に落ち着いたのだが、「せめて名前だけでも」という娘の切ない願いが、初めての愛犬の名になったのだ。


英国では英語に苦闘した娘だが、四年余りの滞英生活の後は日本語に苦しんだ。新しい環境になかなか馴染めず、いじめもある中で、スコッティは娘の忠実な部下であり、かけがえのない友であった。近所では娘がどこに行くにもスコッティの姿があった。

そんなある日、私は今度はニューヨーク転勤になり、一足先に出発して、アパート探しをした。幸いスコッティは親しい方が預かってくれることになったが、現地から留守宅に、

「アパートが見つかった」

と電話を入れると、娘は、

「スコッティと別れるのが嫌だ」

と発熱して寝込んでいるという。私は急遽、「ペットＯＫ」のアパートを求めた。

最近こそ日本でも屋内でペットを飼うことはごく普通になったが、当時は「イヌは庭」と決まっていた。滞英中、現地の大衆紙が「日本人はイヌを虐待する」というキャンペーンをしたことがあった。その理由の一つは、「日本人は戸外でイヌを飼う野蛮人だ」というものだった。高度成長が始まり、停滞する英国との対比が日本で話題になっていた頃で、英国側からすれば、「何を小癪《こしゃく》な」という思いもあったのだろう。外国の評判を気にする日本人として時の外務大臣が訪英した時、記者会見でわざわざ、

「日本ではイヌ公方と呼ばれた将軍もいたくらいで、歴史的にイヌを大事にしてきた」

と真剣に滑稽な釈明をした。

しかしニューヨークで初めて屋内で飼ってみて、私たちとスコッティとの間にまったく新しい濃密な関係が生まれた。完全に家族の一員になったのだ。やはりペットは同じ天井の下で飼ってみるものである。娘もその弟の息子も、食卓の話題は毎日、傍らにいるスコ

ッティを中心に盛り上がった。二人とも異国での寂しさをどれほど慰められたことか。客がいる時は居間に入らないよう、私たちはスコッティを厳しくしつけた。客がイヌ好きとは限らないからだ。しかし、皆で談笑していると、スコッティはほんの少しずつにじり寄ってくる。それを見とがめられると、しぶしぶ境界線へ後退する、という繰り返しだったが、何とか仲間に入れてほしいという気持ちが素直に表われていた。

ある日、散歩に連れ出す娘とエレベーターを共にしたスコッティは、同乗した米国人女性の服に噛みつき、その服に引き裂き傷を作った。娘は謝罪し、相手の部屋番号を聞いてから私に報告した。「米国人は告訴好き」という偏見が強かった私は、慌てて娘を連れて謝罪に出向き、

「以後きつくしつけるから」

と弁償を申し出た。結局、その服を買った値段を支払い、お許しを頂いた。その後散歩時には暫くスコッティに口輪をはめ、相手に見えるように恭順の意を示し続けた。異国暮らしの面倒さだが、娘の責任は増大した。

やがて高校進学時期が近づいた娘は、一足先に家内と帰国することになった。一方息子は、一年後の中学進学への配慮から、そのまま私と現地に残った。海外駐在員にとって、子どもの進学問題は最大の課題で、色んな配慮が必要だった。そこで、スコッティをどうするか。娘は共に帰国することを強く望んだが、勤務を持つ私が留守の間は、息子にはス

コッティが欠かせない。娘は七年間忠実な友だったスコッティと涙で別れた。

娘の帰国後数か月して、スコッティにガンが見つかった。病状は急速に悪化した。それでも私が夜遅く帰宅すると、入り口までよたよた歩きながら迎えに出る。飼い主には、イヌのこういう忠実ぶりは本当に切ない。

「無理をするなよ、スコッティ」

と私はいつも心でわびた。この事実を娘にどう伝えるかで私は悩んだ。家内によると、娘は、

「スコッティは今頃どうしているかなあ」

といつも口にするという。鎮痛剤も効かなくなり、安楽死を決意した日、私はとうとう娘に電話した。しばらく絶句した後、娘は、

「スコッティを電話口に呼んで」

と頼んだ。イヌが電話を理解するはずはないが、私は受話器をスコッティの耳に当ててやった。娘はただそれにスコッティの名前を呼び続けた。どこまで娘の声と分かったかは不明だったが、スコッティは「ワン」と一声鳴いた。これが娘との別れだった。

唯一の遺品であるスコッティの首輪を、二児の母となっている娘は、いまだに大事に持っている。

家族は家族を忘れない

小池　玲子

心配事があった。仕事が忙しかったため、実家に帰るのは約二年ぶりなのだ。はたして、ミーコは私のことを覚えているだろうか。

「ただいま」

どきどきしながら玄関を開け、家に入った。すると、トントントンという足音が階段から聞こえてくる。聞き覚えのある、軽やかな足音。私の期待は高まった。

「おかえり」

と聞こえる「ニャー」の声とともに、ミーコが駆け下りてきた。嬉しくて、ほっとした。ミーコは、家族には必ずお出迎えをしてくれる。離れて暮らしていたが、ミーコは私を家族として覚えていてくれたのだ。

すぐさま私はミーコを抱き上げて、ぎゅっとした。家族は家族を忘れない。ミーコのぬくもりに、そう言われた気がした。

飼い主にしてくれてありがとう

飯森　美代子

それは、毎年九月になると決まって、わが家の庭に現れ、半年間だけ居候し、春を迎えるとコハクチョウがシベリアへ旅立つように姿を消した。それは、茶トラの雄猫、渡り鳥ならぬ「渡り猫」だった。

この猫は鳴かなかった。一度も声を聞いたことがなかった。餌が欲しい時は、私が気づくまで庭で丸くなり、ひたすら待ち続けた。「ニャー」と鳴いてくれればお互い楽なのに、決して鳴かなかった。鳴けない体だったのかもしれない。

私が近づけば必ず逃げた。毎日顔を合わせ、餌をもらえば慣れると思うのだが、絶対に体を触らせなかった。さらに、私の見ている前では決して餌を食べなかった。どんなに空腹でも我慢した。私が家の中に入ってようやく餌を食べ始めた。誠に気位の高い頑固猫だった。

九月に現れる時は、いつも痩せていた。ニボシを投げてやると、すぐにくわえて物陰に運び、隠れて食べた。そして翌日から、ほぼ毎日餌を食べに来た。

厳寒期は外で餌をやるのは可哀想だったので、家に入れてやりたかったが、出来なかった。わが家の飼い猫四匹が、どうしても許さなかったのだ。そこで苦肉の策として発泡スチロールの箱を用意した。その中に湯たんぽと餌の入った器を入れて、玄関の外に置いた。餌の缶詰は電子レンジで人肌程度に温め、水の代わりにぬるま湯を与えた。温かい餌を食べ終わると湯たんぽの上に座り、箱の縁にあごを載せて気持ち良さそうに眠った。その姿は、窓越しに見ていた私を和ませてくれた。

ところが六年ほど前からは、渡りをやめて、一年を通してほぼ毎日餌を食べに来た。朝来るとサッシの下の犬走りに座り込み、鳴きもせず、餌が出てくるのをひたすら待ち続けた。その姿から「窓辺の君」と呼ぶようになったのだ。

ある時、この猫がふいと来なくなってしまった。きっかけは母の入院だった。私は母に付き添うため、朝早く病院へ出かけたり、泊まったりすることもあった。留守の間、玄関先に置いた餌はきれいに食べてあったが、あの猫が食べたのか、わが家の飼い猫が食べたのかは分からなかった。

普通の生活に戻っても、姿を見ない日が続いた。不安と心配で辺りを捜し回った。普段から近づけば逃げるし、絶対に体を触らせない、気位の高い頑固猫だから、見つからないとは思っていたが、本当に見つけられないと嫌なことを想像し、もうこの世にはいないのではないかとさえ、思えてきた。母も責任を感じて毎日嘆いていた。

ある朝、玄関の戸を開けた瞬間、私は「窓辺の君だ！　窓辺の君が来た！」と大声を出していた。母も慌てて玄関に駆けつけた。「窓辺の君」が姿を消して二十三日目のことだった。胸が一杯になり、涙があふれた。少し痩せていたが、元気そうだった。「どこに行ってたの。心配してたんだよ」と声をかけても知らん顔。そっけなさが、またかわいかった。「窓辺の君」は、この日を境に、わが家で暮らすようになった。昼間は庭でごろごろし、夜は物置の梁の上や箱の中で寝ていた。

一昨年の春頃から、餌の食べ方が変わってきた。いつもペロリと平らげていたのに、残すことが増えたのだ。餌の前に蹲《うずくま》ったまま、全く口を付けない時もあった。

サッシ越しに様子を窺った。食べる前に首を右に傾け、顔を上げて奥歯を噛みしめるような奇妙な仕草をしていることに気が付いた。顎から膿のような臭いよだれが糸を引いている時もあった。よだれがひどくなると、全く食べなかった。食欲はあるのだが、口が痛くて食べられないようだった。無理して食べて、あまりの痛さに飛び上がり、走り去って行くこともあった。病院に連れて行かなければと思っていたが、六年も付き合っているのに、未だに私に懐いてくれない。私が近づけば、必ず五十センチ以上の間隔を開けることを忘れない。夏には捕獲を試みたが失敗し、以後病院に連れて行く機会を完全に失ってしまった。

そして迎えた晩秋。十一月のことだった。ついに何も食べなくなって八日目、姿を消してしまった。嫌な不安がよぎった。が、二日後の夜、箱を見たら戻っていたので慌てて湯たんぽを作って入れた。普段なら私が手を出すと箱から飛び出すのに、動こうともしなかった。翌日の午前中は、湯たんぽの上で気持ち良さそうに、うつ伏せで寝ていた。呼吸が普段よりゆっくりだった。

「このごろ食欲もないし、午後にでも何とかして病院へ連れて行かなくちゃ」と思った時だった。窓辺の君が体を浮かせた。けれど、前足をハの字にして踏ん張るのが精一杯で、歩くどころか立ち上がることさえ出来なかった。その姿を見て、私は全てを理解した。窓辺の君の命は、もうすぐ終わるのだと。そしてわが家を死に場所に決めたのだと。

先日姿を消したのは、きっと死に場所を探しに行ったのだろう。場所を決め、一旦は落ち着いて、その時を待つことにした。けれど、時間が経つうちに、わが家が恋しくなったに違いない。わが家に六年間籍は置いていたけれど、野良猫の誇りは捨てなかった。それが証拠に絶対私に擦り寄って来なかったし、体を撫《な》でさせもしなかった。けれど、いや、だからこそ、最期だけは、飼い猫として死にたくなったのかもしれない。とにかく残っている力を振り絞って、わが家に帰って来てくれたのだ。そのことが何より嬉しかった。

箱の縁をまたいで外に出る力はもうない。私は箱の一辺の縁をカッターで切り落として、平らにした。這いつくばったまま、外に出て来た。立とうとするのだが、もう左前足の肉球が裏返って、足の甲しかつけない。それでも諦めず、顔を上げて歩こうとするので、私は思わず抱き上げた。あまりの軽さに胸が震えた。一キロもなかった。体が小さくなったと感じてはいたが、これほどとは思いもしなかった。

いつも昼寝をしていたツツジの木の傍に置いてやった。もう立ち上がろうとはせず、腹ばいのまま遠くを眺めていた。毛玉だらけの背中に触れてみた。岩のように硬かった。しばらくすると、前足や頭をピクつかせるようになった。体が次第に死へ向かっていくように感じられ、辛《つら》かった。でも顔を歪めることはなく、苦痛ではないようだ。それがせめてもの救いだった。

頭を撫《な》でてみた。横倒しに寝たままの格好で、前足を交互に動かす仕草をする。「触るな！」と逃げているつもりなのか。それとも、初めて撫《な》でてもらえた嬉しさでモミモミしているのか。最後の力を振り絞って、わが家へ戻ってくれたのだから、嬉しいに決まっていると私は思いたかった。

次第に呼吸の止まる時間が長くなった。止まっていたと思ったら、次の瞬間には、おなかが大きく上下する。そしてまた止まる。もう前足は動かなくなった。肉球に触れると、雪の中を歩いて来たみたいに冷たくなっていた。私は左右の前足を重ねてやった。人間でいえば、合掌している状態だ。安らかに旅立ってほしいと思ってしたのだ。

口を少し開けたのを最後に、完全に動かなくなった。ひげの付け根あたりに残っていた温かさは、瞬く間に消えていった。

「最後に戻って来てくれてありがとう。看取らせてくれてありがとう。最後の最後に飼い主にしてもらえたね。本当にありがとう」

私は、冷たくなった小さな体をさすって語りかけた。

病気でベッドから起き上がれない母に、窓辺の君の死を伝えた。

「そうか、あーあぁ……あの猫がなぁ」

母はそう言ったまま、目を拭った。

今、窓辺の君は、いつも日向ぼっこをしていたツツジの傍らで、色とりどりのマツバボタンに囲まれながら、私たちを見守ってくれている。もちろん、家族の一員として……。

愛犬物語　～チャッピィの贈り物～

高星　学

このお話は、僕の前に現れた一匹の小さな白い犬と共に始まります。

その名は「チャッピィ」。この子を可愛がってくれたたくさんの人達がつけてくれた、とっても素敵な名前です。そうです！「チャッピィ」は捨て犬でした。

平成六年、春とはいっても、まだまだ冷たい風が肌を刺す三月。チャッピィは、この町にやって来ました。

お手やフセ、チンチンなど、前の飼い主が教えていた芸をみせては、会う人達に愛嬌を振りまいてエサをもらいながら必死で生きていました。

昔から代々続く、うどん屋の息子である僕は、出前中に、尾っぽをちぎれんばかりに振って近付いてくるチャッピィに出会ったのです。この時に、まわりの人達が親しみを込めて呼んでいた「チャッピィ！」が、皮肉にも、そのままの名前となってしまった訳です。

ゴメンね、チャッピィ！　でも可愛い名前だから、いいよね！

まるで室内犬を思わせる容姿に、どこかユーモラスな仕草は、とても可愛らしく、チャッピィは、すぐに町中の人達に知られるようになってゆきました。そして、自分を可愛がってくれる人達の家をみつけては、あっちへこっちへ、ひがな一日を好きなように過ごしていました。こうして、みんなに見守られながら、この町に住みつくようになったチャッピィは、翌年、近所の高校の中庭に、六匹の可愛らしい子犬を産んだのです。

お母さんになったチャッピィは、毎日眠る間もおしんで子犬達を育て上げました。そして春も終わりを告げる頃、子犬達は、新しい飼い主にもらわれていったのです。子犬達の新たな出発を、みんなが喜びました。

しかし、犬に人間の理屈など分かるはずはありません。数日後、僕はチャッピィの深い悲しみを知ることになりました。

この日、朝より姿をみせないチャッピィが心配になり、昼下がりに学校の方まで、チャッピィを探しにいった時のことです。静まりかえる中庭に、突然けたたましい犬の鳴き声が響きわたりました。茂みから飛び出してきたチャッピィは、激しく僕にほえついてきます。そして落ちつきなく、そこら中の匂いをかぎまわっては、茂みの中に飛び込んで、また僕に激しくほえついてくる。こうした行動を何度もくり返します。どうすることもできず、僕は、しばらくの間、チャッピィを静かに見守っていました。

「チャッピィ！」

僕の声に、ようやく落ちつきを取り戻したチャッピィは、足元に走り寄ってきて、鼻を鳴らしながら跳びついてきました。この時になって、僕は、ようやく自分の身勝手が、こんなにもチャッピィを悲しませていることを知りました。そして、静かにチャッピィを抱き上げると、チャッピィは、僕の顔中をなめまわしてきました。この時、改めて僕は、チャッピィを飼うことを決意したのです。

そんな僕とチャッピィを、中庭に生えるシデコブシの大木は優しく見守ってくれていました。その大きな体いっぱいにつけた白い小さな花達は、太陽の光を浴びて、今から未来という大空に羽ばたいてゆく若鳥のごとく、力一杯に輝いていました。

翌日、新しい家族となったチャッピィとの初めての散歩です。初めてつける首輪もリードも、チャッピィは全く気にしていません。

体一杯に喜びを爆発させるようにじゃれまわるチャッピィを見ているだけで、僕は心からうれしくなりました。いつの間にか、木々の芽はふくらみ、田んぼには水がはられるようになり、乾いた大地をうるおす水の音は快く体中に響いてきます。水面に映える太陽の煌《きら》めきは新しく始まる季節のおとずれを祝うかのように、虫やカエル、鳥達を優しく水面へと誘います。小さな生命達の奏でる大地の協奏曲は、静かな山あいの町を新しい色で染めかえようとしていました。

僕は手綱をにぎりなおすと、家へと続く道を、チャッピィと共に力一杯に進んでゆきました。

一年三百六十五日。くり返される四季のうつろいは、数字以上に早く、人々の心には、たくさんの思い出と共に、歳月という時間の落ち葉を堆積させてゆきます。それはチャッピィにも、逃れようのない「老い」という変化をもたらせていました。

平成二十二年、僕とチャッピィに、別れの時は静かに確実に近付いておりました。昨年末より食欲を失くし、歩くのもおぼつかなくなっていたチャッピィでしたが、新しい年の始まりは、チャッピィに、少しですが「生きる」力をあたえてくれたようでした。

しかし二月、刺すような寒さのおとずれと共に、チャッピィの体は、急激に弱りはじめました。すでに自力で立ち上がることも困難になってしまったチャッピィに、僕は毎朝、寝所まで、ご飯を運んでは、少しづつ手からチャッピィに食べさせるようになりました。すでに白く濁り何も見えなくなった目をパッチリ開け、すでに何も聞こえなくなった耳をピンと立て、チャッピィは、毎日、僕を待ってくれています。そして、ご飯のあとは、蒸しタオルで、チャッピィの腰を温めながらのマッサージの時間です。見よう見マネ！　聞いた知識を自らに確かめるように歩行訓練もするようにしました。

そして迎えた二月六日、この日チャッピィはご機嫌ナナメ！　ご飯を食べてくれません。

仕方なくマッサージだけ済ませて、ご飯を片付けようと玄関前まで来た時のことです。

「ワンワンワォン‼」

それは、久々に聞く、力強いチャッピィの挨拶でした。そして、振り返った僕は、そこに、しっかりと立って、ゆっくりながらも精一杯僕を目指して進んでくるチャッピィの姿に言葉を失いました。

必死に前足を動かし、動かなかった後足を半分引きづるようにして、チャッピィは、僕の腕の中に飛び込んできました。

そして、お母さんが作ってくれたご飯を一所懸命に食べてくれたのでした。それは、チャッピィが見せてくれた最高の奇跡でした。

しかし、奇跡は長くは続きませんでした。

夜になり立ち上がることができなくなったチャッピィは、寝所で丸くなり、ガリガリにやせた背中を小刻みに震わせながら苦しそうに息をしていました。

やがて、うめくような呼吸と共に、チャッピィの悲鳴のような声が、静まり返った暗闇の中に響くようになりました。

まるで命の炎が、静かに消えてゆくかのように、チャッピィの声は、間隔をあけて長くなり、だんだん小さくかすれるようになってゆきました。それは、夜が明けてからも、夕日が沈んでからも続きました。

そして日付けが変わって十五分後、「ハハァ～ン！　キャァァ～ン!!」静かな暗闇に、そして僕の胸の中に、チャッピィの声が響きわたりました。
それが、チャッピィから僕への「さようなら」の挨拶でした。

これは、ある日突然現れた一匹の白い小さな犬が、僕に残してくれた、たくさんの、本当にたくさんの贈り物です！

十四歳のムクへ

今野　礼子

十四年前、犬の君は次女に抱かれて、突然やってきた。生まれて一ヶ月の「ムクムク」した毛に包まれて、私をその澄んだ瞳できょとんと見つめた。女の子だけれど、「ムク」という名は、とてもぴったりくる気がした。

家中で粗相はするし、スリッパをかじる、ソファを破く……一番弱い立場と見た小学生の次女の上の地位を得ようと、血が出るまで次女の手を噛んだりもした。やんちゃで、すばしっこくて、どう扱ってよいものか途方にくれる日々だった。

ところが、獣医さんに習った「マズル法」で、鼻をしっかりと握って言い聞かせながらしつけてみると、不思議なことにいつの間にか利口な「ムク」に育っていた。自分の家の中では決して排泄をしない、散歩から帰れば、四本の足を拭き終わるまでおとなしく玄関のたたきで待っている。一階の和室には入ってはならない、二階への階段をあがってはならない。「よし」と言われるまで、おいしいものを目の前にしても「待て」ができる。

そして、当時のムクの得意技は、我が家の門のレンガの塀にジャンプして、その二本の前足でしっかりと体を支え、一分以上もの間、頭を塀から突き出して、家の前を通る人々を眺めることだった。その塀は私の背丈より少し低いくらい、一メートル四十センチはあったのだ。

少し前まで、さっそうと走る姿に誰もが十歳を超えているとはとても思えないと言ってくれたものだ。ある時、「人間にしたら何歳ですか?」と、出会った初老の男性に尋ねられた。「犬の十歳は、人間なら五十歳くらいでしょうか」と答えると、その男性は、「それなら女盛りですね」と言って、ちょうど五十歳の飼い主の私を小躍りさせたりもした。

そんな君についに「老い」の兆候が見え始めた。十四歳を迎える前の暑い夏から、君ははじめてご飯を残すようになった。後ろ足が散歩のときにピクピク震えている。よく見れば、その足を支える腿の辺りの肉がげっそりと削げ落ちているのだ。いつものように草むらの鳥を追いかけようとして、その小さな傾斜をずるりと滑り落ちた。今では、我が家の玄関前のたった三段の階段を踏み外して、あごを打ったりしている。

「散歩に行くよ」と声をかけても、振り向きもせず寝ている。そう言えば、配達に来る郵便やさんにも、宅配の人にもさっぱり気づかず、その「ガードマン」の役目は、とうに引退しているのだ。いつの間にか耳が遠くなっているらしい。我が家の玄関の鍵は、君の引退に伴って、初めてしっかりと施錠することとなった。

「老いる」とは、こんなものかと考えさせられる。散歩の後は足を拭くなどすっかり忘れて、いや、そんなことはどうでもよいとでも言うかのように、何の躊躇もなく家に入っていく。入らないはずの和室にも平気でずかずかと入っている。おいしいおやつは、「待て」などできないという様子で食いついてくる。そして、出したいときに出しますよと言わんばかりに、散歩が遅れると、私の顔を見ながら平気で家の中でウンチをする。夜中に寝床の近くで済ませていることもある。これまで、若いからできた我慢とか、誇りとか、褒められようという気持ちが、すっかり消えてしまったように見える。

私たちの「老い」への心準備は、ムクに教わっている。最後は自由奔放に、やりたいことだけやればよいではないか。夜中にウンチだ、外に連れて行け、などといわず、そこで済ませる。ぴくぴくする足を一本ずつあげて拭いてもらわなくてはならないなんて、「わたしゃいやだよ」「おいしいものはさっさとおくれ」君の声が聞こえるような気がする。

それでも、年取ったからこそ身だしなみは大事。老人性のその目やにはきれいに拭きたいし、黄ばんできたその歯は磨かせてよ。それさえいやがって、追いかける私を君は不思議にも身軽に走って逃げ回った。最後には私を見るだけでブルブルと顔を震わせている。そんな君に夫がこうささやいた。「お母さんはね、言い方は怖いけど、本当は優しいんだよ。お父さんは長く一緒にいるから、知ってるんだ」

ムク、十四歳の君は私たちの「かすがい」として、まだまだこれからも現役なのだからね。

二人と一匹

井須　はるよ

シロが家に貰われてきたのはただ一つの理由、メスだったので誰も貰い手がなかったからであった。

「猫の子が産まれたよ、見においで」というテキの言葉にまんまと嵌《は》められて、売れ口の決まった四匹の茶トラの兄貴たちの中に、たった一匹真っ白な小さめの子猫に出会った。耳の辺りにうっすらと茶色があったがくるっと身を丸めて眠る様子はまるで天使のようだった。「貰い手がなけりゃ家においで」私は思わず言ってしまった。

五年ほど前に、私は真っ白で灰色の目のオス猫を糖尿病で亡くしていた。おとなしくて私の言うことをよく聞き、二人の娘よりずっといい子だった。家の長男だから「たろう」と呼んでいた。

そんな訳で白い猫を見ると、もう私はこらえ性がなくなる。

掌《てのひら》に載せて帰り、ミルクをお皿で飲むことを教え、トイレもしつけてシロと名づけた。なぜか亭主の背中で眠るのが好きで、本人も満更でもなく、定年後の二人の中にシロはすんなりと入ってきた。

三ヵ月ほどたった頃、シロの背中にうっすらと茶色の縞が浮かんできた。ありゃ、と思っているうちにその色はだんだん濃くなり、半年も経たないうちに白地に薄いセピアのトラ猫となって、シロと呼ぶには少々気が引ける風貌になった。

でもシロはとても賢くて、野性的な猫である。マンションのベランダで息を潜めて物陰に隠れてスズメの来るのを待つ。

「シロ、だめ。バァバに返しなさい」

何度もシロの口から子スズメを取り返したが、既に動かない子もいた。窓を手で開けて五階のわが家から下の庭まで遊びに行く。

バッタやカマキリをくわえて帰ってきて私の前で遊ぶ。

シロの野性に驚いたのは木曾の山荘でのこと。車にシロを乗せて大阪から五時間、山荘に着くやシロはぱっと飛び降りて山荘の階段を上がる。春から秋遅くまで私たちは此処で過ごす。

コガラや鶯が鳴き、コンコンとゲラが木の幹を叩く。やまねという子ネズミもいる。だが、狐や狸やテンもいる。シロは用心深く自分のテリトリーを広げて熊笹や白樺やブナの間を駆け回る。自然の中のシロはまるでサファリパークのチーターの様に素敵だ。

朝、庭の土が不自然に盛り上がっている。木の枝で掘ってみると小さなねずみがつぶらな瞳を開けて埋まっている。

「ふん、隠してもわかるもん」

また土を被せて戻しておく。別の日の朝、目を覚ますと枕許に黒いものがある。よく見るともぐらの子らしい。真っ黒でつやつやしたびろうどのような毛に覆われて、尖った口と、桃色の短い手足が絵本で見たもぐらとそっくりだ。

「ごめんな」シロに代わってお詫びを言い、木の下に穴を掘って埋めてやる。昼から見に行くとお墓が荒らされている。もぐらの死骸はなかった。犯人がどこか秘密の場所に移したに違いない。

夕方いそいそと口に何かくわえて帰ってくる。入口で待ち構えて獲物を取り上げたが、ぐったりしてもう動かない。小鳥より少し大きめの暗い灰色をした鳥だが形に見覚えがある。そう、玩具のうぐいすの笛だ。毎朝、いい声を聞かせてくれたあの鶯かもしれない。愁嘆《しゅうたん》する私の横でシロは獲物を返せとせっつく。

「役場に言いつけるからね」と私はシロに八つ当たりして渡す。

野性に加えて、二重人格でもある。ウラオモテイエネコと私は名づける。可愛い性格とそうでない性格。遊んで欲しいときにはトイレへ急行中であれ、後ろから追いかけてきて踵《かかと》に噛みついてじゃれる。私がお風呂に入れば戸を開けるまで鳴く。うるさいので戸を開ければ風呂の蓋を閉めよと鳴く。シロが小さいとき一度風呂の蓋に載せて入浴して以来、ずっとそうするものと決めている。だから私は石川五右衛門のように半分蓋を閉めて首だけ出して湯船に浸かる。顔のまん前にはシロがごろんと寝そべっている。

気まぐれで我儘《わがまま》で自己中心的な性格を固持し、私に入れない領域を断固として持つ。眠いときは近くに居ても返事もしない。抱かれると困るので人の手の届かないベッドの下の奥や、押し入れのどこかに隠れている。日暮れてから遊びに行くときもいくら私が呼んでも振り向かずに出て行く。「雨降ってるよ。シロ」と親切に教えてやっても無視して出ていき、びしょ濡れになって帰ってくる。

タオルで拭いてやろうとするとするりと逃げる。私の手の届かないところでゆっくりと体を舐めて綺麗にするつもりだ。

亭主にこれだけ尽くせばどれだけ感謝されることか。ふん、お前勝手にしなされ、と私がむくれていると、後ろから来て身をすり寄せる。

以前わが家に短期のホームステイに来たカナダ人のデニスは猫が怖い。しかしシロだけはまあ、我慢できるらしい。語学教師の彼は早くもシロの才能を見つける。

「シロハコトバガワカル!」

当たり前だ。カナダの猫はみんなお馬鹿さんかね。シロは私の言葉がよく解る。お留守番、櫛《くし》、行こう、おいで、待っててねと言葉に応じて的確に行動する。

特に嫌いな言葉はお留守番。私が服を着替えるとじっと見ている。遠くへ行くか近くかが解るのだ。

「お留守番よ」と言うと、眉間にしわを寄せて押し入れに入る。

「待っててね」というのは魚市を見に行くとかすぐ帰って来るときで、安心して玄関で待つ。手に何も持たず、「シロ、櫛しようか」と言うと、体を低くして私の前にどてんと腹ばいになる。櫛で毛をすきやすいようにとのシロの心遣いか。

百八十五㎝、九十kgの巨漢のデニスがシロが大口を開けて欠伸《あくび》するだけで身を縮めて怖がるのは面白い。野性と家畜の両性をうまく持ち合わせて使い分けて暮らしているこの優れものを彼は理解していない。シロにとって短期のホームスティのカナダ人など興味の対象外で、ましてや攻撃の対象でもなく、シカトされていることを知らないのだ。


こんな二人と一匹の至福の暮らしは二十二年も続いた。その間にシロも私たち夫婦も年老いた。相変わらず亭主は夕方刺身で酒を呑み、その横でシロは刺身のお相伴をした。

ある夏の宵、亭主は散歩に出たまま帰らなかった。近くの交差点の横断歩道で若い男の車にはねられ亡くなっていた。

シロは何日も亭主の帰りを待ち、家の中を捜し回り、トイレに行くと、飛んできて中を確かめた。その様子を見て娘も私も泣いた。

「シロ、お父さんはもうおれへんよ」

そしてシロは半年後の亭主の命日に眠るように静かに二十二年の寿命を閉じた。亭主が迎えに来たと思う。私は一人になった。

でも、私が逝《い》くときは亭主かシロのどちらかがきっと迎えに来てくれると信じて暮らしている。ひょっとすると両方が来るかもしれない。

〝愛娘〟桜子

祐安　則年

我が家に〝愛娘〟の黒猫「桜子」がやってきたのは今から十年ほど前。生後半年くらいだった。まるで我が家で飼われることが運命付けられていたかのような不思議な出会いだった。それだけに桜子は待望の末娘のような感じで接してきた。鳴き声はもちろん、目やしぐさで訴えかけてくる愛くるしい姿に、どれだけ家族全員が癒されてきたことだろう。姿が見えないと必ず誰かが「桜子はどこ？」と言って、家探しする。名前を呼べば必ず優しく、か細い声で鳴き返してくる。そんな日常の積み重ねの中で、家族四人プラス〝一人〟の絆は大きく育ち、今に至っている。

桜子との出会いは、とある教会で、皆が静かに礼拝をしている最中だった。突然「ニャーニャー」と、弱々しい声で鳴きながら、そろりそろりと教会のご神前に向かって入ってきた。これまで一度も動物が勝手にこんな所に入ってくることなどなかったし、あり得なかった。たまたま正面玄関のドアが開いていたこともあったが、それにしても普通なら猫の方が避けていくであろうところを、逆に助けてと言わんばかりに堂々と乗り込んできたのだ。だから礼拝中の大勢の人たちもびっくりして、ただ見つめるだけ。教会の職員が慌てて追い出そうとする中、私がそっと近づいて抱きかかえた。

これだけでも十分不思議な出会いだった。しかし、この不思議はさらに続くのだから、テレビ番組ではないが、「世にも不思議な……」といっても過言ではないような気がしてならない。さて、私が抱えたその子猫を職員に渡そうとしたら、なんと猫は苦手と言って突き放そうとした。「えっ、だって今捕まえようとしていたじゃないですか……」と言うと、「咄嗟のことで……」と苦虫を噛みつぶしたような顔になった。それ以上責めるわけにもいかず、結局私が何とかするしかなかった。

取り敢えず近くで猫を飼っている家がないか。もしかしたら、そこから逃げ出したのかもしれないと思い、聞き込み開始。たまたま教会の裏手の家が庭に大きなケージを持っていて、そこに十匹以上の猫を飼っていた。早速、聞いてみると黒猫は飼っていないとか。ただ、この猫の肉球の状態を見て、かなり遠くからやってきたようと推測してくれた。そこで、できたら飼ってもらえませんかと懇願すると、逆に自分で飼ったらどうかと勧められてしまった。妻は猫を飼うつもりはないと言っていたし、さあどうしようと困惑してしまった。しかし、結局は誰も飼い手がいない。悪いとは思いつつも諦めて教会のゲート前の踊り場のような所に置いて帰った。教会内に心ある人か、猫好きな人が必ずいるだろうと高をくくった。

家に戻って妻にこのことを話したら、それはかわいそうだし、黒猫なら飼ってもいいかもとの意外な返答だった。まさか妻がOKを出すとは思ってもいなかったので、大喜びで急ぎ教会へと車を走らせた。しかし、片道二十分。往復だから四十分以上にもなる。こんなに長い間、あの場所にじっと留《とど》まっているはずがないかもと急に弱気になってきた。ところが教会が百メートル前方に見えてきたころ、玄関前辺りにある黒い小さな塊が視界に入ってきた。「まさか……」と思った次の瞬間、あの置いてきぼりにしてきた黒猫が微動だにせず、お行儀良くちょこんと座っているではないか。ほとんど一時間近く、ずっとそこにいたのだ。あまりの健気さに、思わず駆け寄ってそっと抱き上げた。近寄っても逃げようともせず、人懐こさからか、疲れ果てた末の無気力状態からなのか……。真相は分からないが、とにかく長時間にわたって、その場を離れなかったのだ。これはもう運命、我が家の七不思議の一つとばかりに、この瞬間、私は飼うことを一大決心した。

飼うと決めた以上は一刻も早く連れ帰って、体を洗い、食べ物をやらねば……。助手席に乗せて一路我が家へと車を走らせた。さすがに慣れない環境なのか、揺れ動く座席で体を小刻みに震わせっぱなしだった。帰宅すると、妻がさっそく風呂場に連れていって、シャワーをかけだした。急いで買ってきた猫専用のシャンプーを使って泡立てる。「ギャー、ギャー」と鳴きわめく中、なんとか洗浄完了。タオルでさっと拭き上げた後、ドライヤーで軽く乾燥させた。終わって抱き上げると、相変わらず震えが止まらず、胡座《あぐら》をかいた私の膝の上でじっとしたままだった。「可愛いなあ」と子どもたちも歓喜の連発。私と妻は可愛さもさることながら、半面これから我が家の一員になるんだなあと、この時あらためて責任の重さを感じていた。

こんな幼い子猫がいったい、どんな旅をしてきたのか。取り敢えずは、飼うための処置をしなければと翌日、さっそく動物病院に連れて行き、健康診断や必要な注射を打ってもらった。お腹に一部不具合があって、場合によっては手術が必要かもしれないが、それ以外はいたって健康で、性格も実におとなしいとのことだった。二～三日入院後、晴れて退院。家族に歓迎されて我が家に戻ってきた。新しい家族が増えた。名前は「桜子」に。性別では女が二人になった。なんだかウキウキするような気分に包まれ、この日を境に我が家の生活環境は一変した。楽しさが倍加した一方で、心配事も予想以上に増えた。

二階の六畳の和室は長男専有の部屋だが、ここに桜子のトイレを置き、猫専用の寝床も備え付けた。桜子は行儀も良くて、このときからトイレも寝床もちゃんと利用してくれた。朝は午前七時ごろ部屋の襖を開けてほしいと小さな声で鳴き出す。朝食の用意をしている途中で妻が襖を開けに行くと、決まって勢いよく階下に向かって降りていき、キッチンのトレイに用意してあるキャットフードを食べ、水を少し飲む。それから隣の六畳の和室に移動してちょこんと座り、ガラスの扉越しに南側に面した庭を眺める。これが桜子の今もって同じ一日の始まりになっている。

桜子は完全に家猫として飼ってきた。だから外へは出ないように、半面、家の中ではほとんどどこへでも好きなように飛び回っていいように開放してある。いつのまにか桜子は、自分の好みの場所をいくつか持つようになって、必ずそのどこかにいることが多くなった。桜子は呼びかけると必ず鳴き返してきて、時折、自分で姿も見せてきたりする。そういった様子がまた愛くるしくてしようがないところだ。

そんな感じで毎日が淡々と過ぎていき、あれからはや十年。最近では、当初の震えなどどこ吹く風といった有り様で、部屋のど真ん中で〝大の字〟になって寝ていたりする。家族がすぐそばを通ってもピクリともしない。間違って踏んだりしないかと、こっちの方が気を使う始末だ。しかし、実はこんな感じになってくれたこと自体が家族全員嬉しいのだ。誰彼となく「可愛いなぁ」と言ってじっと眺めたり、そっと体をなでてやったりして……。それでも当の本人は気持ちよさそうに微動だにしない。「あ〜なんて幸せ」とでも言いたそうにさえ見える。

桜子は今、人間でいうと六十歳を優に超えた。私と同じ、墓場の方が近くなったわけだ。私は確実に老いていく自分を否応なく目の当たりにする毎日だが、桜子は依然として元気で幼子のような愛くるしい目をしている。鳴き声もまた十年前と変わっていない。体長は二倍近くなったが、毛並みもよく動きも俊敏だ。私と桜子。どっちの寿命が先に尽きるのか。桜子が逝ったら皆が悲しむだろうが、果たして私の場合は……。なんて馬鹿げたことさえ考えながら、きょうもまたこの健気な家族の一員の頭をそっとなでてやっている。

ケンタとナツ

松戸　みう

インドネシアのスリランカから我家に星亀がやってきた。甲らは長さ六センチ、幅四センチ。小さな丸い目が愛くるしい。ケンタと名づけた。前足を上手に使ってキューリを食べる。伸びをしたり、前足で顔をこすったりして見ていて飽きない。

一匹では淋しいだろうと、夫がもう一匹買ってきた。ナツと名づける。ナツは気性が荒く、ケンタを横目で見て頭を上下に動かし、威嚇しているみたい。ケンタが首をひっこめ、レタスを食べなくなるとナツはケンタの分を食べ切り、後で自分の分を食べる。名前はナツだがオスのようだ。

後からきたのにナツはケンタを追いこし、どんどん大きくなっていった。ケンタは大きくなっているように見えない。日を追うごとに差は開き、ナツはどんどん強くなっていった。

「ケンタ、ガンバレ。いっぱい食べるんやで。ナツ、悪いことばっかりしたらあかん」

私は声をかける。

亀は鳴かないというが、おどろくとキュッ、おこるとキューウーと声を出す。のどを震わせウーとかグウワーとも言う。ケンタとナツでキュウー、キュッとやりあっている。やはりナツが強い。ケンタはいやな奴がきたと思っているかもしれないが、日が経つにつれおどされても無視して食べるようになっていった。

眠る時は暗い隅を好み、押しあって場所を取りあっているが、頭を寄せて眠っていると二匹でよかったと思う。

ケンタは穏やかな性格で、庭をながめ木々の揺れるのを楽しんでいる。そして、弱いように見えて、どしっと構えているところがある。

ナツは意外とこわがりですぐ首をひっこめる。落ちつきがなく、淋しがりやで、ケンタにちょっかいを出している。初めて雪が降るのを見た時は、首を伸ばし長い間空をながめていた。

ケンタもナツもおいしいリンゴはすぐ残さず食べるが、まずいと残してある。ぜいたくというか、味がよくわかっている。慣れてくると直接手から食べるが、いつもではない。よほどおなかがすいている時である。小さな命だがそれぞれ性格や感情、好みがあっておどろかされる。

星亀は温度調節がむつかしい。冬、暖房していても甲らが冷たい時がある。両手で包んだりして体温で温めてやるとじっとしている。

ケンタは秋から春にかけて、暖かい石の上でじっとしているのが好きだ。気持がいいのだろう。幸せそうな顔をしている。

インドネシア生れだから暑さには強いと思っていたがそうではない。適温は十九度から二十九度と記されている。温暖化は人も亀もこたえる。

暑さがすこし和らいだ九月半ばごろからケンタの食欲が落ち元気がなくなってきた。動きも遅い。大好きな石の上でじっとしている。心配でケンタを見ていると、ケンタも私を見ている。なにか言っているのか。ケンタ。そして、頭と足を甲らにしまい、動かない。頭を出して私を見るのを待ったが、だめだった。

食が細く、成長が遅く体力が弱っているところに、暑さがこたえたのだろう。もっと暑さ対策をしてやればよかったと悔まれる。夫と二人声をあげて泣いた。

小さな口で大きなあくびをひとつして、目を閉じこくんと眠ってしまう。ケンタの一番かわいいしぐさだった。裏の庭に埋めケンタの墓と書いた。

ナツは注意して育てようと、リクガメの育て方の本を読み返した。

ケンタの姿が見えないと、ナツは落ちつきがなくケースの中をうろうろしている。以前、ナツがケンタの分まで食べたり、いじわるをするので二匹を離した時と同じだ。ナツはケンタを捜している。あんなにいじわるをしたのにケンタがいないと淋しいんだ。

三日目ぐらいからナツは落ちついてきた。今までと違ってケンタはもう戻ってこないとわかったのだろう。

今まではケンタがかわいそうで、ナツをあまりよく思っていなかったが、ナツもかわいいところがあって憎めない。

ナツがうさぎのようにピョンピョン跳ねている。おどろきとおかしさが一度にこみ上げてきた。甲らと足のすきまの皮のところに蟻が入り、くすぐったいのだ。すぐ水に浸けて蟻をとった。すこし淋しそうだが、ナツはよく食べ元気に育っていった。

ケンタが亡くなって一ヶ月ほど経った。ナツが走っては止まり、走っては止まるを繰り返している。気が狂ったみたいだ。いつもと顔つきが違う。

「どうした、ナツ」

さっきまでなにごともなかったのに、わからない。恐くなってきた。そして、動かなくなった。淋しくてケンタが呼んだのだろうか。

ケンタの横にナツを埋めた。また涙が流れる。苦しかっただろう。痛かっただろう。ナツはケンタが好きで、ケンタもナツが好きだったかもしれない。知らない所でたった二匹の星亀だったから。今は仲よくしていると思う。お墓の前を通る時、

「ケンタ、ナツ、仲ようしてるか」

と声をかける。

二十一才の別れ

及川　靖久

先日、私の長年の友であった愛猫・グレ（ヒマラヤン種のめす）の七回忌の案内が霊園から届いた。月日のたつのは早いものだなあと思いながら出席の返事を出した。グレは二十一才の天寿を全うして〝千の風〟になった。人間に例えると百才を超える長寿とかで、よく診て貰っていた動物病院の先生からも褒めて貰った事があった。

グレは捨て猫だった。後に解ったが生後四カ月ほどの子猫だった。当時中学三年のわが家の長男はそのころ何故か荒れていて、暴走族予備軍みたいな生活をしていた。その息子が学校の庭で夜な夜な悪ガキたちとどぐろをまいている時に猫の方から近付いてきたとの事だった。皆が解散して誰もいなくなったのにその猫は息子のそばを離れず可哀想に思って連れて来たとの事だった。私は一目みただけで「ただ者ではない？　猫」だと解った。今、飼い主は必死になって行方を探しているだろうとまず思った。ベージュ色の長い毛並みと青く澄んだ深い眼差し、媚びるわけでもなく、酔いにまかせて「家で飼う事はまかりならん！」と怒鳴り声をあげている私を怖がるわけでもなく、きちっとした姿勢で私を見つめているのだ。

翌日から、駅前の交番や市内のペットショップ、動物病院等に連絡をして飼い主情報を求めたが手がかりが無いのだ。一カ月近く捜し回ったが飼い主が見つからず、もはやこれまでと諦め、市役所に相談したところ、係の人の返事は、いともあっさりと「保健所に連れてって下さい」だった。それが何を意味するかは分かり切った事だ。当時ぐれていた息子が連れて来た猫なので取り敢えず「グレ」と名付け、飼い主が見つかるまで家に置く事にした。しかし日が経つにつれて情が移り本来の飼い主が現れない事を祈るようにさえなっていた。皆が寝静まった深夜の遅い帰りになって、私がそっと玄関を開けてもグレはいつもたたきの処に三つ指をついて（？）きちっと座って私を迎えてくれるのだった。夜中にねずみを捕まえて来て、ご主人様への報告のつもりなのか私の頬をなぜて起こし、ギャッ！　と跳び起きた事も数回ある。遊んでくれとせがむのでおなかの真ん中辺をもみあげてやると両手両足で私の腕に絡み付き、ぶら下がって喜ぶのだった。私が布団の中で寝そべって本を読んでいるともぐりこんで来て、同じ姿勢で両方の前足をちょこんと出して枕の半分を占領するのだ。毛並みが豊かで身体全体が大きく見え、時々ねこ草を食べさせるために首紐をつけて散歩をしていると、出会った人が勘違いをして「可愛いタヌキですね」

と間違えられ「猫です！」と相手を睨みつけた事もあった。グレとの思い出の数々を書いたらいくらページが有っても足りない。

そして二十一年の歳月が流れ、いよいよ別れの時がきた。その日は日曜日だった。二階の私の部屋に、多分、階段を必死で上り、よろよろしながら入ってきたようなのだが、私と目が合うと、かすかな声で泣き、すっと腰が落ちた。それでも前足で這いずりながら近付いて来ようとする。

すでに二十一才となっており医者からも長くはないと言われていたので、来るべき時が来たと覚《さと》った。抱き上げて、グレのお気に入りの私のデスクの下の座布団にそっと寝かせ「おい！　しっかりしろ！　何やってんだ！」と怒鳴り続けたが目を開ける事はなかった。急いで水道の水でハンカチを濡らして口元に当ててやった。かすかに吸ったような感触が有ったがそれが最後だった。私はグレを抱き名前を呼び続けたがどんどん硬直し冷たくなっていった。

寂しく、悲しく、涙と鼻水でグチャグチャになりながら息子に電話をした。当時ぐれていた息子も二人の子供の親となって一家を構えていた。報告すると、しばらく無言だった電話口から、やがて狼の遠吠えのような号泣が聞こえて来た。〝ペット〟等との軽い言葉は当てはまらない。家族であり、友であり、かけがえのない相棒だった。私を信頼仕切っていて、お腹を上にして万歳するような格好で隣で寝ていたグレ。長期の出張で帰宅した時等には臍《へそ》を曲げていて、コミュニケーションを回復するのに一カ月近くも掛かった事もあった。仕事や対人関係で疲れ切った時どれだけ癒されたか知れない。

「ありがとう、グレ！　よく頑張ったな」

なぜかその思いだけだった。命日に、早くに逝った女房の墓参りはうっかりするが、グレの墓参りだけは欠かした事が無い。霊園が隣接しているのにだ。親しくなった霊園の管理事務所のおばさんから「奥さんのお参りが先でしょっ！」とよく叱られている。

バローの家出

藤本　欣哉

お父さんは、農協の荷物を、坂本の集荷場に取りに行っての帰りに、坂本峠の十《とお》ある、曲がり道の一つ目のカーブで、さみしそうにしていた子犬を見つけました。

その子犬は、二つ目のカーブまでついてきて、三つ目の山桜の大木のカーブまでついてくるかな、と気にかけてカーブミラーを見ると、桜が舞い散る花びらの中を、かきわけかけ散らして、ついてきました。お父さんはうちの犬になる、と運命を感じて、家に連れ帰ってきました。

小学三年生の哲ちゃんと、高校生のお兄ちゃんは、とても喜びました。名前はバファロウをちぢめてバローと名づけました。柴犬の雑種でしたが、鼻すじはくっきりとして、耳はピンと立ち、目もすっきりとして、素直でほんとうにかしこく、見事なスタイルの犬にすくすく育ちました。

バローは、お父さんの趣味のアユやウナギの川釣りや、山野草採りなどに車で連れて行かれ、かわいがられていました。

おばあちゃんは、ぬくめたやぎの乳を飲ませ、大切に世話をしていました。

家に一番先に帰ってくる、小学生の哲ちゃんが、海岸に連れ出しました。砂浜で友だちとキャッチボールをしたり、かけっこやおにごっこをしたりしました。バローは、海の中もこわがらずに、入って泳いで、軟式野球のボールを拾って口にくわえて、哲ちゃんのところに戻ってきます。

夕方、高校のクラブ活動が終わったお兄ちゃんが、口笛を吹きながら帰ってくるのを聞き、「ワン、ワン、ワン、ワォーン」と、知らせて鳴きます。口笛が早くわかる、かしこい犬だとほめて、お兄ちゃんの散歩の相手となりました。砂浜の波打ちぎわでも、ピョーン、ピョーンと空を飛ぶように走り、海水に恐れることもなく入り、お兄ちゃんは感心していました。

城山跡には、石段があって入り口には護国神社があります。あたりには桜の木がしげっており、春になると桜が見事に満開に咲きほこって、夜桜見物には、ぼんぼりもいっぱい出て花見客でたいへんにぎわいます。

その道すじがバローの最も好きな散歩の山道です。その上、石段があるので、お兄ちゃんのクラブ活動に必要な、足と腰の訓練になり、隠れた鍛える場所だったのです。

そこでバローは、首輪をはずしてもらい、山のしげみに入ります。名前を呼ばれると、野球ボールを口にして出てくることが、一、二度ではないので、驚かせていました。

哲ちゃんの家は、松原湾の入り江の一角に当たるところで、万年が浜に近く、砂浜が三百メートルは続く漁師町です。

夏の夜には入り江の湾に、イカ釣り舟がいっぱい漁に出て、いさり火が街のネオンに負けないほど並び、湾いっぱいにきれいに広がってみごとな輝きです。

湾の奥の出島には、会津屋八右衛門という江戸末期の豪商の記念碑があり、磯釣りの人がたくさん来ます。漁師町として、以前は栄えたところだったようです。転馬船を使って磯釣りやイカ釣りをしています。

家から前に出ると、湾の入り口が一望して見え、打ち寄せる波の音と、引き戻す波の音が、ドドーン、ドドーンドドンと響くのが気にさわるだけで、波の音に合わせたような、気性のいい人ばかりの町です。

ここでは、猫を飼うことは絶対に許されていません。漁師さんは、魚を乾かしたり、みりん干しにしたりするので、いたずらされたりするのを嫌ったのだそうです。

海側と反対の方は、広い道に通じる三叉路があります。その中心に笹岡酒屋があり、お兄ちゃんの高校の先輩がいて、そこにはスピッツのキャリー嬢がいました。キャリー嬢とバローは気が合って、防波堤のところの砂浜に行って、じゃれつきなかよく遊びました。

哲ちゃんやお兄ちゃんが散歩に連れ出したとき、このところ、ずっとお気に入りの笹岡さんとこのキャリー嬢の香りがしないので、心配していました。

ある日バローは、キャリーの香りをかいだのか、お兄ちゃんが持っている、首輪の綱を岩の陰の、砂地の方に引っ張りました。

そして、ここを掘れといわんばかりに、砂を掘り出し始め、お兄ちゃんは、バローのただならぬようすに、スコップを、家に取りに戻り、持ってきて掘りました。香りが砂地の中からにおってきました。あまり深くないところから、キャリーのにおいのする麻袋を見つけたので、バローは、クゥーン、クゥーンと悲しそうに鳴きました。お兄ちゃんは、

「どうしたんだろう、あとで笹岡さんに聞いてみよう。ほかの場所に埋め直してやろうかな、バロー、よくここがわかったな」

哲ちゃんは、鳴き続けるバローを抱きしめて、なぐさめておりました。

「キャリー、かわいそうに、どうしたんかねぇ、バローと友だちだったのに」

「哲ちゃんどこかに埋めなおしてやろうな、どこがええかなぁ」

「お兄ちゃん、城山の近くの林はどうなの、あそこだったらきれいな桜が見られて、キャリーもバローもよろこぶよ」

「そうだなぁ。哲ちゃんいいことを思いつくな、そうしょう、あそこに埋めてやろうな」

キャリーの入っていた麻袋を、城山の林の近くに埋め直しました。お兄ちゃんは、笹岡

さんにキャリーはどうしたのかと聞いたところ、車にひかれて死んだので、砂浜の岩かげに埋めたのだそうです。

バローは、城山にゆくのがとてもうれしそうでした。桜の大木の近くでは、とくによろこんでいるように見えました。キャリーをなつかしがっていたのだと思います。

ある夕食のときでした。おばあちゃんが、「バローが見えんけど」

と、急に言ったので、お兄ちゃんは、食事をやめて、

「哲ちゃん探しに行こう、絶対城山に違いないけぇ、行ってみよう」

「バロー、腹を空かしているだろうなぁ、かわいそうに」

と、哲ちゃんも立ち上がりました。

お父さんも、バローの行きそうな場所がわかったようで、暗いから必要だ、とライトをお兄ちゃんに渡して、

「木のささくれに注意してな、おらんようだったら、遅うならんうちに戻れぇよ」

と、心配して言いました。

お兄ちゃんは、哲ちゃんを自転車の後ろに乗せて、城山の護国神社まで急ぎました。

桜の大木の近くで「バロー、バロー」と哲ちゃんは呼びかけてみました。

やっぱり、バローはいました。ゆっくり出てきて、地面に頭をつけていました。

「バロー、ここだったのか、ああ、よかった」

「やっぱし、思い出が多いいからなぁ」

バローを、哲ちゃんは抱きしめました。

それを見て、お兄ちゃんは、

「ああ腹が空いたよ、さぁ帰ろう」

と、バローの首輪に綱をつけて、自転車のハンドルに結んで家に向かいました。

バローを連れて帰ると、おばあちゃんは、バローを抱きしめて泣きました。

「バロー、すき焼きがあるけぇくいんさい」

ふしぎなことに、バローは目に涙を浮かべていました。

バローは、家に帰って来て安心したのか、すき焼きをたくさん食べました。

その後、バローは家出することは、ありませんでした。

城山の桜も、ちらほらと咲き始めてきておりました。

てこずったからこそ

星川　千里

まるこ。九年というお前の寿命は、昔に比べれば短くないのかもしれない。見送った一年後に我が家に来た二代目の犬、ユメはもう四才だ。お前とは真逆でフレンドリー。全く手がかからない彼女がいるのに、時々お前を恋しく思うことがある。てこずったことが懐かしい思い出となり、お前への愛が深まっているのだろうか？

十数年前、初めて飼うなら柴犬の雌がいいと友達がアドバイスしてくれた。すべてに例外のあることをすっかり忘れていた。ペットショップにいた生後三か月のお前は、とてもおとなしそうに見えたしね。

ところが庭にある犬小屋を嫌がり室内に入りたいと鳴き続けるお前に、まず根負けしてしまった。家の中が汚れないよう外犬にする予定だったけれど。

一才まではよく逃げ出した。散歩から戻り家に入れようとリードを首輪から外した瞬間、猛ダッシュで走り去った。青くなって家族総出で追いかけた。一時間たっても捕まらないことも少なくなかった。

たまたま夜遅く逃げ出したときは、車に体当たりしてしまったよね。二百メートル先の大通りで「キャイン」と声が聞こえ、ボンネットの上に黒い塊が見えたからもうダメだと覚悟した。外傷もなく病院からショックを和らげる薬をもらって帰ってきたときは奇跡だと思ったよ。

さらに手を焼いたのが、家の前を通る犬だけでなく人にも吠えまくったこと。「うるさい」と怒鳴っていく人に、飼い主のほうが恐縮していた。「近所迷惑だ」というはがきがポストに入っていたこともあった。散歩している最中は、すれ違う犬に飛びかからないよう、けっこう緊張して歩いたものだ。

遠くからお前の姿を見つけ、

「あ、あれには近づかないほうがいい」

という声が聞こえたときも辛《つら》かった。犬社会のいろはをなんとか学ばせようと、飼い主は必死だったのに、やり方がまずかったのだろう。でも吠えるからこそ番犬としては信用できた。熱帯夜に網戸のままで眠れたのは、お前がいてくれたおかげだ。

そして家族にはとても従順だった。名前を呼べばどんな時でも伏せの体勢をとり、耳を折って目を細め体中に喜びを溢れさせていた姿は今も忘れられない。

当時頻繁になっていた次男との喧嘩の仲裁にも一役買ってくれた。

「まるこが不安そうにこっちを見ている」

とどちらかが気付けば、それで冷静になれた。お前を理解しているのは私たちだけという強い思いを、いつのまにか持ち始めたのも確かだ。

ドッグフードだけの毎日なんて味気ない。食べることだけが唯一の楽しみだからと、人間と同じ食べ物を与えてしまったこと後悔しているよ。肝臓をやられたのは、そんな無責任な飼い主のせいだよね。ごめん。もっと長生きしてほしかった。

家の前を人や犬が通っても吠える気力がなくなり、一緒に寝ている私のベッドに飛び上がる力がなくなり、どうしようもないだるさに苦しめられた晩年。

「こんなに不調なのはどうしてでしょう。なんとかなりませんか」

とでも言いたそうな表情で首をかしげながら、私を見たことが何回かあったよね。絶対服従を誓った飼い主だから、この苦境から救ってくれるはずと信じていたのかもしれない。力が及ばず悪かった。

ただお前が逝くときは側にいるという約束だけは守れてよかった。その日出かける予定は五人家族全員あったけれど、誰もが家にいようと思っていた。苦しまないで旅立ったことを目にし、涙を流しながらもほっとした。

二代目のユメは、誰にでもどの犬にもしっぽを振る、世渡り上手なミックスだ。近所の評判がいい代わり、私が名前を呼んでも、お前のような反応はしない。

もちろんそれぞれ個性があるのだから、比べるべきじゃないことはわかっている。でも思い出すということはやっぱり比べるからかな。

あの世でも他の犬とうまくいっていないのではないか？　たった一匹で寂しくないだろうかと思うときもある。私も年を取って心配性になったのかもしれない。

今年の春、お前のためにビスケットを常備していたおばあちゃんがそっちにいったよ。右も左もわからないはずだから、よろしく頼むよ。

星川まることして私たちと九年間を共有してくれたこと、これからも忘れないからね！

三女のメリー

森　千恵子

次女が大学を卒業した日、なんだかいいことがありそうな気がした。まだ三月初旬なのに、桜が満開だったからだ。

卒業式から帰ると、お客さんがいた。

「あら、あなたは、どこの子?」

体重が五〇キロはありそうな大きな犬が、門柱の傍らでゴロンと寝転んだまま動かない。いいこととは、このことなのだろうか。八カ月前まで我が家には、小型マルチーズ犬のベルがいた。ベルとの楽しい暮らしは、七年間続いた。どこへ行くのもいっしょで、みんなベルが大好きだった。やっと悲しみから抜け出した頃、なんとなく私がこう言った。

「今度は、茶の間の一角をデンと占めるくらいの大きな犬が欲しいなぁ」

大型犬は、コリーとセェパード犬の雑種のようだ。頭を撫《な》でると盛んに尻尾を振るが、起き上がる気配がない。娘が犬の腹をさすりながら、心配している。

「お腹が空いているのね。待っていて」

煮魚の残りを持ってくると、やっと犬がお座りをしたが、なかなか食べようとはしない。

「犬の訓練学校出身かも知れないぞ」

夫がよく見ると、古びてはいるが鑑札や丈夫そうな首輪も付けている。試しに「よし！」と言うと、尻尾をバタバタとタイルに打ちつけて食べ始めた。ほんの二口で終了し、行儀よく座って私の顔を見上げている。

「今頃、家の人が探しているでしょうね」

「そうだな。立派な犬だし、顔も可愛いよ」

娘が「まだ居る」と言いながら、外を気にしてそわそわしていた。

賑やかに、お祝いのごちそうが並んだ。肉を焼いた残り汁にご飯、野菜と肉を少し混ぜた。

「我が家にたどり着いたのも、何かの縁よ。卒業祝いに、来てくれたのかも知れないね」

「これを食べたら、お家に帰るんだよ。きっと、家の人が心配しているから」

犬は美味《おい》しそうに平らげた。次の日、気になって早起きをすると、門柱の横できちんとお座りをして尻尾を振り挨拶をする。

「まだ、帰っていなかったの。どうして」

そう言いながらも、娘は嬉しそうだった。

「おいで」と言うと、脇にぴったりと付いた。

「やはり、学校に行って勉強したようね」

私達を交互に見上げる訳ありの瞳が、家族の心をたまらなくさせた。

その日から、我が家のわんわん騒動が始まった。警察と動物管理センターを訪ねた。

「大型犬で顔はコリー、体はセェパード犬の感じです。おとなしいし、どうやら訓練学校出のようです。それから、美人ですよ」

私は笑ってしまったが、夫は一生懸命だった。迷子のわんちゃんを連れて毎日尋ね歩いたが、三週間が過ぎても手掛かりは得られなかった。名前だけでも分かればと、娘が思い付く名を呼んでいる。呼ばれる度に首を傾げる。メリーと呼んだとき大きな耳がピクンと動き、寄ってきて娘の顔をペロリと舐めた。

「決まり！　あなたは今日からメリーさん」

皆もなんとなく納得して、メリーになった。順応性のある犬とみえて、すっかりメリーになりきっている様子が健気だった。だが突然いなくなり、探しまわった。

「飼い主のもとに帰ったにしても、一言くらい挨拶をして行ってもいいのにね」

「今頃は、家で甘えているだろう……」

夫も寂しそうで、ため息ばかりついていた。

三日目の朝、鳴き声が響きメリーが帰って来た。ご飯を食べるのをみんなで囲んで、顔を見合わせて微笑んだ。もうメリーの居ない生活は、誰の頭にもないように感じた。動物管理センターからも報告があった。

「鑑札は古い物で届け出人に聞くと、犬は死亡し鑑札は捨てたということでした」

とうとう飼い主は見つからず、メリーの過去は何も分からないままだった。予防注射を済ませ、新しい首輪を付けたメリーが、夫と帰って来た。鑑札も発行してもらい、メリーは正式に家族になった。バンザイ！

「娘が、一人増えたな」

大きな犬小屋を買ったが、どうしても小屋には入らない。何か事情があるのだろうと、家の中で暮らすことになった。土間は体が冷えるので廊下に移動させ、使わなくなった布団を敷いた。茶色のごわごわした毛が抜けるので、シーツを毎日取り換えた。枕にあごを載せて、気持よさそうに眠っている。シーツの洗濯に追われたが、唄いながら心が弾んだ。

「メーリさんの羊、羊、羊、可愛いなー」

メリーは病気がちで、病院通いが多かった。雨に濡れると風邪を引きやすいので、梅雨時の散歩は用心が必要だ。散歩仲間の犬は、レインコートを着ている。既製品はどれも特大止まりで、メリーには半身しか入らなかった。私が作ることにした。メリーは寝そべって、雨音を聞きながら待っている。

「ちょっと、仮縫い」

声を掛けると、のそっと起き上がり私の前に立ちとても協力的だ。話しかけながら針を運ぶのは、ウキウキして幸せだった。みんな、メリーに夢中だった。

二年目の夏になると、メリーが遠慮がちに茶の間に移動して来た。クーラーの風が涼しい一等席で、グウグウと大鼾《いびき》で眠る顔が可愛い。冬になると好きな場所が、炬燵《こたつ》の一角になった。足を入れてドタンと横になり、会話を聞いている。ときどき顔を上げ、目が合うとまた眠った。私の希望どおりになったことが、なんとも不思議だった。

家には、夫の友達がよくやって来る。接客上手なメリーは、チャイムが鳴るとまっ先に玄関へと走って行く。スリッパを鼻で押し、客を応接間に案内してくる。足元にお座りをして、あるひと言を待っているのだった。

「よか犬ですなぁー。どうした美人かいな」

そこで、夫が身を乗り出す。

「そうでしょう。この子が、我が家の三女のメリーです。どうぞよろしく」

満面の笑みで紹介すると、メリーも満足し伏せの体勢に入る。夫は人が来る度にこのセレモニーを繰り返して、大満足の様子だった。優しいメリーは、子供たちの間でも大人気の有名犬になっていた。動物が人の輪を広げ、心を和ませてくれるのを感じた。

メリーが三女になってから、四年目のことであった。家族の暮らしに潤いと笑い、そして多くの人々との出会いをもたらしてくれたメリーが、旅立とうとしていた。師走に入って風邪を引き、肺炎になった。獣医さんが、毎日注射に来てくれた。夜中になると、寂しそうなので一緒に寝た。朝になると、トイレだけは頑張って外に行く。犬のプライドなのだと、みんなで見守ったが心配だった。

「洗濯をしてくるから、待っていてね」

声を掛けると、横たわったまま顔を上げ私を目で追う。何か言いたそうだった。戻ると、メリーの様子が変だ。触るとまだ温かく、少し口を開いて笑ったような安らかな顔をしている。必死でメリーの背中をさすりながら号泣した。その日はクリスマスイブだった。どこからともなく聞こえるジングルベルのメロディーが、胸を締めつけた。

次の日、ペット専門の葬儀屋に頼み葬式をした。メリーを愛してくれた人たちも来てくれ、隣人のやさしさに胸が熱くなった。

「あの時、そばに居てやれば良かった」

「貴女がペットロスになっては、メリーだって喜ばないよ。楽しく過ごした日のことを思い出してやれば、犬も幸せなんだ」

「メリーは、イブの日に天使になったのよ」

「かわいい三女を、みんなで見送ってやろう」

友人たちの励ましを聞いていると、楽しかった日々が甦ってきた。生い立ちは、何一つ分からないままだったが、メリーのお陰で、心弾む生き甲斐のある日々を送れた。メリーは、ベルが私たちのもとに送り届けてくれた天使だったのだ。

ベルやメリーと過ごした宝物の日々に、今も心から感謝している。

「あく」から「くぅ」へ　命のバトン

鈴木　美香子

あく、おはよう。沢山ごはん食べて大きくなるんだよ。

生後一カ月のあくは、他の子よりもひと回り小さくて足に力が入らない為すぐに転んでしまいます。それでもご飯を食べる姿は生きる力が漲《みなぎ》っていました。上手にご飯を食べられなくて体中ベタベタになってしまうけど一生懸命です。体をキレイに拭いてあげると、すぐに寝てしまいます。一度に食べれる量は少ないので二時間おきの離乳食でした。

あくは、ゆっくりゆっくり成長し成犬になる頃には、十五kgと立派な体格になっていました。雑種の黒い犬、いつも男の子に間違われ、その度に「女の子なんです」と言う私。

あくと一緒なら何処にいても何をしていても楽しかった。

休日は、あくの好きなソフトクリームを食べに行ったり、あちこちドライブに出掛けたり。夜の散歩だってあくがいれば怖くなかった。あくの笑顔、困った顔、ふてくされた顔、全てが愛しい。

あくは、いつしか私の年齢を越え年老いていました。散歩の距離も短くなり歩く速度もゆっくり、耳も遠くなっていきました。

それでも、ドライブに行きたくて力ずくで私の体によじ登って催促してきます。もう窓から顔を出せないのに。ただ座っているだけなのに。楽しいのかな？

あくが、十四歳になり顔の毛も白くなってきた頃、乳腺に腫瘍《しゅよう》が見つかりました。

悪性で、すでに肺に転移している可能性があるとの事、今後の治療をどうするか、先生とじっくり話し合い、積極的な治療は選択せずその時の症状に合わせ苦しまない治療を選びました。腫瘍を切除した痕は痛々しかったけれどあくの回復は早く、翌月には初めての温泉一泊に行ける程元気でした。

そして十五歳の誕生日を迎える事もできました。
術後、八カ月経った頃から食欲が低下し咳が出るようになり通院の間隔も短くなってい
きましたが、あくとのドライブは遠出は出来なくても続ける事が出来ました。
あくとの限りある時間を大切にしながら現実を受け止める心の準備が必要になってきた
頃、突然玄関前に黒猫が現れたのです。あくが玄関を出入りするたびに可愛い声でミャー
ミャー鳴きながら近付いてきます。あくは目と耳は殆んど機能していないので気付かない
のか反応はしません。黒猫は小柄ですが成猫のようで、ひたすらあくの出待ちをしていま
した。ドアが開くたびに覗き込み私一人だとシャーと威嚇します。あくが一緒だと嬉しそ
うにしっぽをゆっくり大きく振り寄り添って来ます。あくは足を止めじっとしていますが、
二匹は内緒話をしているように感じました。
この黒猫はなぜあくに会いに来るのだろうか？　帰る所がないのかな？　気になり夜中
に玄関を見に行くと、居ました。丸くなって寝ていました。明け方には姿はなく、朝の散
歩の時間になると、またやってくる。そして夜遅くまで張り込んでいました。あくは、猫
が好きだから友達になりたかったのかな？
二カ月後の十一月中旬、あくは、歩く事も起き上がる事も出来なくなり腹水が溜まるよ
うになりました。その日から毎日通院し、あくが少しでも楽になれるよう治療をしてもら
いました。先生は、休診日も診てくれ、夜間急変した時も対応してくれると言ってくれた

のです。先生の言葉でどれだけ救われてきたか、感謝の気持ちで一杯でした。
平成二十四年十二月四日　十五歳十一カ月で、あくは眠るように天国に旅立ちました。
あくに会えなくなってもうすぐ三年が経ちます。今でもあくの面影を抱きしめたままで
あくが恋しくて……、あくに会いたくて……、返事のない会話をしてしまうけれど、私の
隣には、いつも寄り添いジッと見つめストーカーの様に付きまとう子が居てくれるのです。
あの黒猫です。あくの「く」の文字をもらい「くぅ」と名付けました。
くぅは、あくが亡くなってからも毎日玄関前に座っていました。あくの事を待っている
のかな？　私は、くぅに話し掛ける事が多くなり、ゆっくり距離を縮め仲良くなっていま
した。
北海道の十二月は寒く、雪も降ってきます。
これも何かの縁だと思い、くぅに「一緒に暮らそう」と何度もプロポーズをしました。
くぅは、なかなか家に入ってくれませんでしたが、二月二十三日、やっと家族になって
くれました。三つの小さな命と共に。
そしてあくの四回目の月命日、四月四日に三つの新たな命が誕生したのです。
猫との生活は初めてで、違和感や戸惑いもあり、毎日開催される明け方の大運動会では
寝不足が続きノイローゼになるかと思いました。あくに、猫じゃなく犬が良かったよ、と
愚痴った事もあります。

けれどあくが繋いでくれた命達、今では私の宝もの、大切な家族です。
くぅ親子、四匹の温もりを感じながら毎日、楽しい生活を送っています。
あく、ありがとう。
母ちゃんは、寂しくないよ。

奇跡の猫クロちゃん

猪原　智治

クロちゃんが我が家に来たのは、五年ほど前になるかな。我が家と同じくらい猫好きな隣の人が、工事現場で機械に轢かれそうになっていたクロちゃんを拾ってきました。それを我が家が譲り受けたわけです。譲り受けた時はすでに栄養不足で死にかけていて、歩くのがやっとの状態でした。まだ生まれたての、手のひらサイズの小さな小さな猫でした。で、名前はそのまま「クロちゃん」としました。

最初は牛乳を与えようとしましたが受け付けず、次は粉ミルクで作ったミルクを小さなスプーンですくって与えようとしたのですが、これも受け付けず、せめて水だけでもと口元に持っていったのですが、やはり駄目でした。なす術もなく頭を抱えていると、うちの妻がスポイトを用意してきて、それに牛乳を入れて口から少しずつ与えたところ、すごい勢いで飲むようになり、それからはみるみる元気になっていきました。これで順調に育ってくれればいいかと思っていたところ、今度はとんでもない災難がクロちゃんを待ち受けていました。

クロちゃんが我が家に来て、三ヶ月くらいが過ぎた頃でした。

毎年、冬時期になるとこの辺では、猟師によるイノシシ狩りが行われるようになっていて、猟犬を私の家の近所でも見かけるようになり、その年もイノシシを追いかけて猟犬のけたたましく吼える声があちこちでしていました。家猫はこの時期、絶対に外に出すことができなくて、前にも一度我が家の愛猫が猟犬に噛まれあっという間に死んでしまったことがあり、油断がならなかったのです。ですから当然、クロちゃんは家の中で遊んでもらっていました。

それはこちらの油断からだった、と思います。用事があり、どうしても出かけなくてはならなくなり、私も妻も我が家の猫がみんな家の中にいるかを確認し、一匹一匹名前を呼びながら点呼をし、皆いることを確認した後、家を出たのですが、クロちゃんはどういうわけか漏れていて、車で家を出てから五分後に妻が……

「クロちゃん、気持ちよくベッドに寝てたんでしょ？」と私に聞いてきました。

「え？　君が確認したと思ったけど」と私。

それから慌てて自宅に引き返し、家の中にいるはずのクロちゃんがいないことに改めて驚かされ、二人して家の周りを懸命になって捜したのですが、クロちゃんの姿はどこにもなく、それから夕暮れ近くまで戻ってくるのを待ちました。ですが、結局戻りませんでした。まだ、家の周りをほんのちょっと出てみるくらいで、遠くに行ったことがないクロちゃんでしたから、「犬にやられた」とすぐに思いました。家の周りに犬の足跡が多数残っていたのです。猟犬に噛まれたら、猫はほぼ百パーセント死にます。彼らは首を狙って噛むので、よっぽど逃げ足が速くないとやられてしまいます。まだ三ヶ月のクロちゃんは、逃げ足は速くないと思いました。

夜近くになり、半ば諦めかけていた私は最後の願いを込めて、家の周りを「クロちゃん」「クロちゃん」と名前を呼びながら一人捜しました。そして、家の裏にある倉庫に来た時です。

「ニャアーオ」と一声、本当に聞こえるか聞こえないかの小さな声を耳にしました。ここは何度となく捜した場所です。その時は全くそういう声はしなかったのに、です。今になって声がするなんて。とにかく急いで声のする場所を捜しました。壁際のところ数十センチ程度の犬かイノシシが掘ったような穴がありました。そこから床下に、子猫なら入って行けそうでした。鳴き声はその一度きりで、あとはシンとしていました。聞き違いなどではないと思いました。だから、倉庫に入ると床板を剥ぎ、クロちゃんがいないか捜しました。そして、見つけたのです。腹を噛まれて瀕死の状態だったクロちゃんを。慌てて妻と病院に連れて行き、先生から「腹でよかったかもしれません」と言われました。首だと死んでいただろうと。腹も内臓をやられていたら、まず助からない。治療のため一晩入院ということになりました。

それから数日後、内臓はやられてなくて、それでもあと少し発見が遅れていたらどうなっていたか、本当に命拾いしました。今は元気に、それこそ我が家では一番の元気者になりました。性格もよく、うちに拾われたり、もらわれたりした猫はみんなクロちゃんが育てています。おっぱいは出ないのに、率先して子猫を可愛がっています。子猫を研修にも連れて行き、犬の怖さを身をもって教えているようです。これはきっと命拾いさせてもらったことへの〝恩返し？〟なのかな、と思います。

あの時、あのクロちゃんの必死のひと声がなかったら、多分今頃、クロちゃんはこの世にいなかったでしょう。それを思うと、運命の不思議さを思います。クロちゃんは二度の奇跡をもたらした猫、強運の猫ちゃんなのです。これからも我が家の子猫のよきお母さんとして、元気に、たくましく長生きしてほしいと心より願っています。

がんばれ、我が家の愛する奇跡の猫「クロちゃん」。

八方美人のチャッカリ屋！

佐藤　恵

ヤツは地域猫ってのだな。

あたしの住んでるエシャロン・アクツの東隣は広い庭のある古い家で、太った猫がそこでトイレをすませて、家のばあさんになにやら食べるもんをもらったり、ひざの上にのってんのをよく見かけた。

エシャロン・アクツは道路をはさんで南側に阿久津高校、建物の北側は下り坂になっていて階段があり、階段を下ると地下一階のダンススタジオ、その向こうに住人専用のゴミ捨て場がある。

秋口から、隣家で見かける太った猫は、エシャロン・アクツを南側から入ってすぐの郵便受けの並びの足元にもあらわれるようになった。ヤツは人を恐れない。あたしが通ろうが誰が通ろうが前足そろえて座ってる。

そろそろ肌寒くなってきて、あたしはヤツで暖まりたいと考えるようになった。エサを与えれば……。そう考え猫用オヤツを買ってきて、ヤツの前でチラつかせたが食いつかない。

ただし撫《な》でさせてくれた。ひざの上にものっかってきた。暖かかった。

それからオヤツに食いつかなかった理由が分かった。ダンススタジオの休日にゴミを捨てに行って気付いた。

ヤツはダンススタジオの前にダンボールの寝床をつくってもらっていて、キャットフードを与えられているらしいのだ。ダンススタジオ前にはいつも、ダンサーたちが喋り合ってたり一服してたりで、今まで寝床とキャットフードが目に入らなかった。

その日はゴミ捨てに出たのがダンスのレッスン時間だったらしく、スタジオの前には誰もいなかった。ダンボールの寝床の中でちょうど眠りから覚めたところのヤツと目が合った。やっぱりヤツの寝床だったんだ。

ニャア、と言ってあたしに近寄り、ゴミ袋を持ったままのあたしに近寄り甘えた。しばらくひざにのせて撫でていたら、レッスンが終わったらしく、ダンサーたちがスタジオからゾロゾロと出てきて、ヤツはニャアニャアとダンサーたちのもとに行ってしまった。あたしはゴミを捨てて階段をのぼり、部屋に戻った。

冷えるな、もうじき冬なのかな、コート出そうかなあ……。残業帰りのあたしはそう思いながらエシャロン・アクツに着いた。

ダンサーたちがレッスン中で相手をしてくれないからなのか、ヤツは郵便受けの下にいた。ヒマこいた顔に見えた。

「ニャア」

あたしに近づく。ヒマなんだよ、あそんでけよ、って言ってんだろうか。あたしはヤツを持ち上げた。抵抗しない。

そのまま三階のあたしの部屋まで運んだ。寒かったからだ。エアコンのきいた部屋でヤツをアンカにして暖まろうと思ったのだ。

ところが部屋に入ってエアコンをつけると、ヤツはエアコンの風が一番よくあたる場所に置いてあるクッションの上に丸くなって、すぐに眠ってしまった。あてが外れた。

翌朝会社に行く支度をするあたしのバタつく音でヤツは目を覚ました。家を出るとき、ヤツも一緒に外に出した。ヤツは遅刻しそうで慌ててるあたしより早く、しなやかに階段を下っていった。またダンススタジオの前のダンボールの中で眠るのか、隣のばあさんのひざの上で眠るのか。

それからあたしは、外出帰りに郵便受けの下にヤツがいるのを見かけると、持ち上げて部屋まで連れていくようになった。

ストックしてある缶詰の魚と水を出してやる。キャットフードは栄養はあるけど猫にとってはあまり美味《おい》しくない、ときくけど、ヤツはたしかにいつも缶詰の魚にがっつく。

そのあとは例のクッションの上で丸まるか、部屋をウロウロ物色するか、あたしにニャアニャア言ってみたり、ひざの上にのったりだ。暖かいけど、ひざの上にのられると動けない。家事ができない。風呂にも入れない。

ある土曜日の朝、あたしは外出の予定がなく、昼までゴロゴロしていた。するとヤツが、トイレに行きたい、と前足をかくしぐさをしたから、ドアを開けて外に出した。ヤツの滞在時間もしだいに長くなるようになったし、ヤツをトイレに出したあとスーパーに出かけ、ヤツのためのトイレを買ってきた。

そしてあたしが外に出ている間もヤツは家でヌクヌク過ごすようになり、家の電気代がひと月で二万円を超えた。

でもときには外に出たがる。散歩か、ばあさんのとこか、ダンサーたちに愛嬌ふりまいてんのか。

ただにおいで分かるのか足音で気付くのか、外でヤツのそばを通ると、たとえ誰にあそんでもらっていても
「ゴャーッ!!」

と叫んであたしにとびついてくる。

あたしの部屋のドアはあたしが鍵を回さないと開かないことをヤツは分かっているのだ。

もう持ち上げなくたってあたしのあとをついてくる。あたしが好きなんじゃなくて、エアコンのきいた部屋と缶詰の魚が好きなだけなんだろうけど。

でもヤツがのってるときのあたしのひざの上は暖かい。

あたちの名前はサラ

久世　あきら

アメは困惑していました。

大好きなお兄さんに連れられてお家に戻ったと思ったら、そこは見知らぬ家で、家には見たことのない女の人がふたり、自分に向かって「サラ」と言って微笑《ほほえ》んでいるのです。

違うもん。

アメは自分の名前はアメだもんと鳴きました。

アメは、アメリカンショートヘアという猫で六歳の女の子です。

見知らぬ家の女の人ふたりはどうやら、この家のお母さんとお姉さんのようでした。

お兄さんは、ふたりに頭を下げるといなくなってしまいました。

お母さんが「今日からアメちゃんは、サラちゃんでうちの家族になったのよ」

アメはびっくりして、とりあえずベッドの下に隠れました。

「サラ、サラ」

別の声がこだまします。

アメは、サラじゃないもんと隠れている事にしました。

どうやらお母さんとお姉さんの話によると、お兄さんは引っ越しで、アメと一緒にいられなくなったとのことでした。

アメは心の中で泣きました。泣いて、泣いて、泣いて、しばらくするとお腹が空いてきました。

そろりとベッドの下から出るとお姉さんがいました。

「サラ、ご飯だよ」

と、言って美味《おい》しそうな匂いのする食べ物を出してくれました。

アメはそっとご飯のある所へ行き、匂いを嗅ぐと、ひとくち食べてみました。

美味しい。

アメはカリカリ音をたてながら夢中でご飯を食べました。こんなに美味しい食べ物は初めてだったからです。

「美味しいかい?」

「あは。気に入ったみたいだよ。このご飯」

アメはふたりの言葉を聞きながらも、ぺろりとご飯を平らげました。

「可愛いね、サラは」

「たくさん食べなさい」

お姉さんとお母さんは微笑みながら、どこかほっとした様子でした。

「サラちゃん」

「サラ」

お母さんとお姉さんは、アメの事をそう呼びます。そして「可愛い可愛い」と毎日、朝も昼も夜も言ってくれました。

アメは次第にベッドの下に隠れるのをやめて、お部屋の隅に座る事にしました。

お姉さんは、毎日、アメの大好きな玩具で遊んでくれて、お母さんは、毎日、美味しいご飯をくれます。そしてふたりともアメの事を「可愛い可愛い」と褒めてくれました。

アメは次第に、名前の事も「サラちゃん」「サラ」と呼ばれる事に違和感をもたなくなりました。

お姉さんのベッドで一緒に寝ることも、お母さんのベッドで寝ることもありました。でも、ちゃんと自分専用のベッドが用意されていて、アメはそこで寝たりもしました。

怖い夢をみたときにはお母さんもお姉さんも、優しく背中をとんとんとたたいてくれました。

アメは、あたちはこのお家にずっといてもいいのかな？

そう思うようになりました。

ある日、お姉さんが「大好き、サラ。いつまでも一緒だよ」と言ってくれて、アメはこのお家にいてもいいんだと思うようになりました。

お母さんも「サラちゃんは、うちの家族だからね」

家族、いつも昼間はひとりぽっちだったのに、今はお母さんが一緒にいてくれます。

お姉さんは、お仕事から帰ってくると「サラ、じゃらじゃら」と猫じゃらしで遊んでくれます。

アメは気がつくと「サラちゃん」「サラ」と呼ばれて、振り向くようになりました。

お兄さんも大好きだったけど、お母さんもお姉さんも大好きになりました。

アメは、あたちの名前は、サラ。

大好きな名前になりました。

ごめんね、アルアル　お父さんはお医者さんじゃないんだ

山根　光徒

ある日、お父さんはお母さんに頼まれたんだ。「今度引っ越すなら、ネコと一緒に暮らしてみたいわ」お父さんはその言葉をずっと忘れなかった。

ネコと一緒に住める家に引っ越しをしてしばらくしてから、お父さんはどうやってネコを探すか考えたんだ。そして、捨てられたネコたちを保護しているシェルターを知ったんだ。いろいろなところをインターネットで調べて、たくさんのかわいいネコたちを写真で見たんだ。その中から何匹か選んで、お母さんに見せてみたんだ。お母さんはとても喜んでくれた。

でもいくつかのシェルターとは連絡が取れなかった。それに審査の結果、断わりの連絡をお父さんのところに届けてきたところもあった。しばらくして、あるシェルターがネコに会ってみませんかと連絡をくれた。わざわざ、訪問してくれるとのことだ。でもスケジ

ユール打ち合わせの電話の最後にこう言われて、お父さんはびっくりしたんだ。

「実は二匹一緒に保護されて、ふたりはとても仲良しなので……。二匹一緒にお願いできればと……」

お父さんもお母さんもネコとの生活をとても楽しみにしてはいたけれど、二匹一緒にというのは全く考えていなかった。二人で何度も話し合ったんだ。送られてきた二匹のネコの写真を見ながら、ため息を何度もついたよ。そして顔を見合わせて、「どっちか一匹だけと言われても、選べないよね」お父さんとお母さんは決めたんだ。二匹とも一緒に家族として迎え入れようと。その二匹が君たちだったんだよ。

車で二時間もかけて、おうちに来てく

れたね。お母さんはとても気に入ってくれたし、そもそも君たちがお母さんともお父さんとも仲良くしてくれたね。数日お泊まりして、君たちも新しい生活を楽しみにしてくれたね。四人での新しい生活がはじまった。鼻がピンクの子がアルアル、鼻の黒い子がだんにゃんという名前にしたんだったね。

アルアルとだんにゃんはいつも一緒。ご飯のときも、遊ぶときも、寝るときも。アルアルは少し体が細かったね。きっとだんにゃんにご飯を少し譲っていたからだね。アルアルはとても気のいい子。お風呂上がりで濡れたお父さんの髪をよく舐めて、乾かすのを手伝ってくれたし、仕事で疲れてソファで寝てしまったときには、自分のお部屋から毛布をひきずって持ってきてくれたね。アルアルの毛布はお父さんにはちっちゃいけど、とてもうれしかったよ。ありがとう。アルアルはお母さんと料理の本や時には難しい本も一緒に読んでいたね。

新しいおうちで二年ほど四人の生活が続いたある日、五人目の家族がおうちに来たね。ふたりともお兄ちゃんだ。アルアルもだんにゃんもすぐにちっちゃい妹に挨拶してくれたね。そして、いつも妹のそばにいてくれたね。まるで妹の守り神だ。

お父さんが夜遅くに、お仕事から帰ってきても、玄関までお迎えしてくれてありがとうね。お母さんが作ってくれた毛糸のボールで一緒によく遊んだね。そう、あの夜もいつもと同じようにボールで遊んで、元気よく階段を駆け上がっていたんだよね。

お父さんはいつも早起き。朝五時半に起きて、お仕事に行っていた。起きて最初にすることはアルアルとだんにゃんに朝の挨拶をして、ご飯をあげること。ご飯をお皿に入れる音がすると二人とも元気に自分のお部屋から出てきていたよね。でもその朝だけは違った。アルアルがお部屋から出てこなかった。お父さんは最初アルアルがまだ寝ているのかと思ったんだ。だけどすぐに何かおかしいと気づいて、お母さんを起こしたんだ。アルアルの体はいつものように温かかった。だけど、アルアルは目を覚まさなかった。お父さんはテレビで見たように、アルアルの胸を何度も押しながら人工呼吸をした。でも、何も変わらなかった。アルアルは今すぐにでも目を覚ましそうだから、お父さんは心臓マッサージを止めることができなかった。おうちには何の薬もない。電話したけど、どこの動物病院にもつながらなかった。お父さんは少しずつ、もうどうしようもないと理解し始めたんだ。ごめんね、アルアル。お父さん、もうこれ以上なにもしてあげられそうにないよ。昨日の夜まで、何もかもが普通だったのに。

アルアルへ

七夕が近くなると毎年アルアルを思い出します。アルアルは、うっかり七夕の前の日に天国に行ってしまったんじゃないの？　お祭り好きのアルアルは、はっぴ姿が似合いそうだね。

かわいい妹は大きくなってもうすぐ五歳だよ。いつも見守ってくれてありがとうね。だんにゃんが今はお兄ちゃんとして妹の面倒をしっかりみてくれているよ。いつでも遊びにおいでね。

おわりに

時々、自宅で私たち夫婦の視界をさっと横切る影が見える気がします。そのたびに私たちは「アルアルが遊びに来たね」と笑います。駐車場の段ボールに入っていた小さな命を引き継ぐことができ、その責任を感じながらの生活でしたが、生まれつき心臓に疾患が認められていたアルアルを突然失ってしまい、責任を果たせなかったとの思いがありました。シェルターの担当者の方に励ましていただき、

喪失感と自責の念が掛け算になった気持ちで頭がいっぱいになる日は少なくなりました。むしろ、アルアルと過ごした日々が私たちの人生の重要な時期と重なったこと、そしてこのような巡り会いの機会が私たちに訪れたことに「ありがとう」と、誰彼となく伝えたい気持ちです。

ありがとう、アルアル。お父さんとお母さんのおうちに来てくれて。

ライオンのあし

船木　文

わたしが十歳のとき、エルがうちにやって来た。クリーム色のやわらかな毛、ひらひらと動く垂れた耳、目尻のさがった大きな目。まるできな粉もちのような、ぷっくりと太った子犬だった。小さな前あしを思いっきり動かして、ぺたぺたと走り回っていたエルは、あっというまに小学生のわたしをはるかに上回るほど大きくなった。

もともと動物が大好きだったわたしは、はりきってエルの世話をした。朝早く起きて、父にくっついてエルの散歩に行った。散歩用の紐を持たせてもらうだけでたまらなくうれしかった。父がなげるボールを、エルと一緒になって追いかけて遊んだ。エルはわたしにとって、はじめてできた親友だった。

小学校は、あまり好きではなかった。弱虫で人見知りだったわたしは、友達をつくることが苦手だったし、よく男の子にからかわれた。悔しくて、さみしくて、しょっちゅう泣きながら家へ帰っていた。

　母に泣き顔を見られるのがいやで、帰り道は必死で涙のあとを消しながら歩いた。最後のまがり角をすぎると、必ず、エルが庭の柵から鼻をだして待っているのが見えた。しっぽをぶんぶんと振って、口を横に大きくあけて、足踏みまでして待っていた。わたしが柵をまたいで庭へ入ると、エルは興奮して跳びかかってくる。わたしは押し倒されないようにしゃがみこんで、エルの首をわしわしとなでた。せっかく拭いた涙がまたでてくる。大きな舌で顔中をなめられ、涙なのかエルの唾液なのか分からないほどべとべとのほっぺたになって、わたしはいつのまにか笑いだしていた。

「エル、あのね、今日お友達とね……」とエルに話しかけた。次から次へと言葉が溢れる。誰にも言えず、一人で胸の奥へと押し込んだ、その日一日のできごとをエルに話した。エルはわたしの横にぴったりとくっついて、耳を後ろに持ち上げて、うるんだ大きな目でじっとわたしの目を見て話を聞いてくれていた。

　空がオレンジ色に染まる頃、エルと散歩に行った。エルは胸をはって堂々と歩く。ライオンのような前あしをのっしのっしとだし、鼻を高く持ち上げて風のにおいを嗅いだ。とても楽しそうだった。時折、わたしがちゃんとついてきているのか確認するようにふり向き、目が合うとしっぽをぶるんと振って、また忙しそうに草花のにおいを嗅いだ。ほかの犬とすれ違うと、しっぽと一緒にお尻まで振って駆け寄り、犬どうしの挨拶をかわす。もう顔中こぼれそうな笑顔で。

ある日、そんなエルをみながら、そうだ、エルみたいにやってみよう、と思った。つらいことがあっても、楽しそうにしてみよう。たくさん笑ってみよう。そうすれば、お友達がもっとたくさんできるかもしれない。自分のことをもっと好きになれるかもしれない。すこしだけ、明日が楽しみになっている自分がいた。

あれから二十年近くの月日が経ち、わたしは大人になって、エルはもういないけれど、今でも時々、エルがわたしの前を歩いているような気がするときがある。

「楽しく行こうよ」

そう言いながらふり向いて、しっぽを振って歩くエルに、今も支えられている。

出禁のねこ

はらゆり

ぼくは四歳。

膀胱炎《ぼうこうえん》になって病院へ連れて行かれた。痛くて、痛くて、診察台の上で暴れまくった。

最初は、「大きいねえ、七キロもあるんだ！」と余裕の先生が、終わったときは手が血だらけになっていた。

診察が済み、「お薬用意しますね」と言われて待っていると、看護師さんが必死に錠剤を割っている。ふとカルテに目をやり、「あっ、キーちゃんは七キロだから割らなくていいんだ」

ぼくは十歳。順調に成長し、一〇・二キロ。

右耳が腫れて、診断の結果「耳血腫《じけっしゅ》」で手術となった。

入院の翌日夕方、病院から電話があり、「キーちゃんを迎えに来ていただきたいのですが……」「えっ、退院は明日ですよね？」「キーちゃんがどうしてもお家に帰りたいと言っているので」「今日は行けないので、もう一晩泊めてください」「何時になってもいいですから、お迎えに来てください」

仕方なく、おかあさんはタクシーを呼んで病院へ向かった。すっかり夜になっている。明かりを消した病院。薄暗い廊下の奥から、〝大きな吠え声〟が看護師さんの足音とともに、おかあさんの方に近づく。

あっ、おかあさんだ！！　ミャーン、ミャーン、ミャーン。感激の対面。〝吠え声〟が一瞬にして、〝愛らしい甘え声〟に変わる。

いくら何でもデカ過ぎる犬用ケージの中で、エリザベスカラーをつけたぼく。一刻も早くお家に帰りたかったんだよー。

それ以来ぼくは、病院に出入り禁止となった。「よっぽどぐったりしたときだけ連れて来てください」

十二歳のぼくは、ビデオ診察の常連になった。

夜中に咳き込むようになり、おかあさんがビデオカメラで撮影し、翌日お父さんが病院へ。録画を先生が診て、ぜんそくの薬を処方される。

こんなやんちゃなぼくだけど、家族の一員としての役割は心得ているよ。

ある日、おかあさんが子宮がんの宣告を受けて帰宅した。いつもと違う様子に、ぼくは気づいた。だから、電気もつけずに、座り込んでいるおかあさんの傍に、そっと寄り添った。

おかあさん！　大丈夫だよ！　ぼくがついている！

一心同体

菊野　やよい

その日は春らしい爽やかな朝で、主婦の私には嬉しい洗濯日和であった。

作夜のうちに洗っておいた大量の洗濯物をかごに移して、わが家の南側にある干し場に行った。

そこで雲一つない空を見上げ、思わず深呼吸をした。

干しおえた白いシーツが輝いて、ほっと一息ついた私は、冬の間ほっておいた花壇に目をやり、今日こそ雑草の手入れをしようかなと考えていた。

その時、庭のすみに植えてある山茶花《さざんか》の木が風もないのにゆれていた。

不思議に思った私は、恐る恐る近づいて木の下をのぞいてビックリした。

どこから来て、いつから居たのだろう？　私が近づいたことも分からないほど夢中になって土を掘っている子犬がいた。

頭から体半分土の中に埋もれた格好だった。
犬が苦手な私だったけれど、子犬がしている動作がたまらなく可愛いと、一瞬思った。
まだ掘り続けている子犬をそのままほっておくことはできなかった。
なぜなら、今にも木が倒れそうな勢いだったのだ。
見かねた私は、子犬の背中をポンポンとたたいて言った。
「何しているの？　そんなに掘ったらだめよ」
すると、その小犬は、土で汚れた顔を穴からだして、自分の体についた土を払うように
ブルブルと二、三回ふった。
そして、側で立つ私に気が付いたように、私の顔を見上げて、しっぽをふり始めた。
その子犬の表情から何か言いたそうに感じとった私は言った。
「どうしたの？　何が言いたいの？」
答えられないと分かっていたが、せめて反応だけでも知りたかった。
小犬はそれでもしっぽをふり続けていた。
突然現れた子犬に途惑い、思案していた時、ひょっとしてお腹がすいているのかも？
と思った。
「お腹がすいているの？　そうなの？」
反応を見ると、子犬はさらに大きくしっぽをふった。

「あそ、ほなちょっと待ってね」

と庭に待たして、台所から食パン二枚と牛乳を手にして外に出た。

すると、庭にいるはずの小犬が、私の後を追って勝手口まで来ていた。

私が手に持っているのが食べる物だと知っていてか、早く早くと言っているように私の足元に絡《から》み付いてきた。

私は「よしよし、いまあげるからね」と言いながら、食パンをちぎってあげた。

よっぽど空腹だったのだろう、深めの皿に入れた牛乳を夢中で飲んでいた。

その姿を側で見ていた私の胸に、熱い思いがこみ上げていた。

満腹になって、ぽかぽか陽気の下で寝てしまった子犬の寝顔を見ながら、私は考えていた。

早くどこかへ行ってほしいと。そして息子の顔が頭をよぎる。

以前から犬がほしいと言っていた息子に、学校に行くようになってからねと言いきかせてきたことを。

だから息子が幼稚園から帰ってくるまでにいなくなってほしかった。

当時、わが家は幼稚園に通っている三歳の息子と夫と私の三人家族だった。

……結局、息子が帰って来た時には、小犬はまだ庭で熟睡していた。

犬が苦手だった私だったけれど、息子にせがまれ、結局、健太と名付け、飼うことになってしまった。

そして翌日のわが家はちょっとした嵐になっていた。

家族の中に一匹の犬が加わっただけで大きな幸せを運んでくれたのだった。

そして歳月は、健太を立派な成犬にしていった。体重十八キロの凛凛《りり》しくて、優しくて、賢くて思いやりのある犬になってくれた。

息子とは、兄弟のように育ち、小さい頃は子供達から、成長してからは大人から、健ちゃんはいい所に来たねと声をかけて貰い、人気犬になっていた。

毎日の散歩も健太の思いのままだった。

なぜ、愛されるか？　健太自身が家族の気持ちを理解してくれるから。健太自身が私たちに伝えたい時は、目と体や行動、体全体の表現で知らせてくれた。

健太が元気で過した十五年の歳月で、健太は私たちにとってなくてはならない存在になっていた。

特に私と健太とは、一心同体と言ってもいい仲だった。

私がすること、健太が求めていることなど互いに理解できる仲になっていた。

毎年五月の連休には健太を連れてハイキングに行くのがわが家の恒例だった。

その日を翌日に控えた朝だった。

いつものように、夫と息子を送り出す時、健太も玄関にでてくるけれど、この日は夫が作った自分のベッドの上で動かなかった。

息子が「健！　行ってくるで」と玄関から声をかけて学校に行った。

私は二人を送り出して、急いで健太の所に行った。「健ちゃん。今日はどうしたの？」「どこかしんどいの？」と言っても動こうとしない。

私は不思議に思い、健太の体をさわりながら、

「おかしいなあ？　体はどうもないのにな」

と抱え上げようとすると、声を出して嫌やといった。

私が「ほな、病院に行こうか？」と話し掛けると、よろけるように二十センチくらいの高さのベッドから下りようとするので健太を抱《かか》えて下ろした。

私は車の免許を持っていない。だから健太に何かあった時のためにと買っておいた手押し車を、物置から出した。

玄関に出した手押し車に乗せるまで、私一人で健太を運ぶのは大変だった。

それでも、わが子の様に思っていた大切な健太の体を抱《かか》えて乗せた。

健太はこれから病院に行くことも、私が苦労して乗せたことも知っている賢い犬だった。

病院の診断は、腰の関節に痛みがあるとのことで、この時は、痛みどめの薬を貰って帰った。十六年目で初めて家族に迷惑をかけて申し訳なさそうな健太の訴えているその姿は、たまらなくいとおしく、せつない思いがこみ上げてきて思わず抱きしめていた。

その気持ちは一緒に暮らした家族だからこそ、健太の目や体全体で表現していることが分かる。

神は何とすばらしい知恵を与えてくれたのだろう。

腰が悪くなってからもふらつきながら行けていた散歩も、半年過ぎた頃から歩けなくなり、行けなくなってしまった。

それでもうんちの時は、外に行きたがった。いつしか前立腺肥大に進行して手術が出来ない程弱っていた。

寝たきりになって介護しながら私は思った。残り少なくなってゆく健太との日々。かけがえのない命。だからこそ、一日一日を大切に過ごさせてあげたかった。

天気の良い日は、痩せてかるくなった体を抱いて、日光浴をさせたり、外の空気にふれさせてあげた。

寝ていても健太の目は私の姿を追っていた。そして見えない時は「うお〜うおん〜」と弱々しい声で泣く。私は「はいはい、ここにによ」と側に行って、やさしく体をなでた。

十六年六ヶ月と十日の健太の生涯だったけれど、最後に痛い思いと苦痛をあたえてしまったことが、たまらなく切ない思いとして残ってしまった。

もう一度健太に会いたい。

そしてありがとう。

上がり框《かまち》の「ワン」

常盤　静

ずっと「どり」だと思っていた。誰もがそう呼んでいたし、彼女だってきっとそう思っていたはずだ。だって、どりっと呼べば、首を傾げ何かを期待した眼差しで嬉しそうに尾を揺らしていたし。血統書なんてない、スピッツと何かの真っ白な雑種犬だった。

「ドリー」、それが彼女の本名だった。そのことを初めて知ったのは、どこで作ったのか婆ちゃんが手にした小さな位牌を見た時だった。「俗名　ドリー」と書かれてあった。

昔、ドリーさんというアメリカ人から貰われ、そのままそのアメリカ人の名が付けられた、そんな話は彼女が死んでしまってから知った。でも、私にとっては今でも彼女はどりだ。私の生まれる前から婆ちゃん家にどりは居たし、あたりまえの家族だった。その彼女が死んでしまったのは今から四十年以上も前のことだ。私は小学校の低学年だったと思う。〝ろうすい〟だと婆ちゃんは言っていた。幼い私には〝ろうすい〟の意味は分からなかった。

日に日に弱り、終《つい》には立ち上がることさえ出来なくなり、だらしなく舌を垂らし、虚ろな目ではぁっ、はぁっと忙しい呼吸をしていた。そして頬が黒ずみ穴があき、乾いた雑巾のような臭いを漂わせ、スポイトで口を湿らせてあげることしか出来なくなったその姿は、生を授かった者の宿命や悲しみを幼い私に教えてくれたのだった。

私には彼女と散歩をした記憶が無い。当時の婆ちゃん家《ち》は豆腐屋で、結構広い庭があった。彼女は用を足したくなると縁側で「ワン」と合図をおくり、ひとしきり庭での散策を楽しんでいた。街中へ散歩に出かけたいときは、といっても彼女一人で行くのだが、三和土《たたき》の奥の広い上がり框《かまち》で「ワンワン」と吼えた。用足しと散歩を使い分けていた。婆ちゃんの「よし」の一言があるまで上がり框で待機、決して人間がサンダルを履かなければならないところへ勝手に降りることはしなかった。婆ちゃんの「よし」の許可が出ると、どこへ行くのか一人きりの散歩に出かけてゆく。気が済むと、「ただいま」とばかりに、上がり框の下で「ワン」。足を洗えの合図。お利口さんだった。

上がり框で婆ちゃんが「よし」の一言をかけても土間に飛び降りていかないことがあった。すると婆ちゃんは手拭で幾らかのお金を包み、それをどりの首に巻いてやる。どりは、お出かけのお着替えをされている子供のようにじっとお行儀よく座っている。お支度が済むと、更にもう一度の「よし」を待っている。「よし」、婆ちゃんが発すると、どりはオリンピックの百メートル自由形のスタートのように上がり框から颯爽と飛び降り、豆腐屋の店先から外に駆け出していく。私が「よし」の声を発しても彼女は飛び降りなかった。彼女の行き先は決まっていた。三十メートルほど離れた同じ商店街の乾物屋である。何度か私は豆腐屋の店先から彼女の後ろ姿を眺めていた。彼女は乾物屋の前で行儀よく座り「ワン」とひと啼きする。乾物屋のおばさんは、どりちゃん、お利口さんねと言いながら、首から婆ちゃんが巻きつけた手拭を解き、そしてお釣りを入れてまた彼女の首に巻きつける。そしてどりには赤い魚肉ソーセージを二本銜《くわ》えさせてくれる。おばさんがどりの頭をなでると、それが合図のように彼女は帰路につく。予想よりよかった通信簿を鞄に帰宅する時の子供のように悠然たる姿だった。買い物から戻ると上がり框の前でウ～っとソーセージを銜えながらひと啼きする。外出帰りの足を拭けの指示だ。足を拭かれて上がり框で今度は「ワン」。ソーセージの皮を剥けの指示。多分、私の初めてのおつかいは、どりと行ったその乾物屋だったはずだ。わたしは甘いみかんの缶詰。彼女と上がり框でそのおやつを食べた記憶が懐かしい。

ある日大事件が起こった。私は、上がり框で彼女の帰りを待っていた。散歩に出たどりは、いつもは一時間ほどで戻ってくるのだが帰ってこない。まあ、たまにあることなので誰もがそう心配はしていなかった。いつも豆腐と油揚げを買いに来るおばさんが婆ちゃんと世間話の終わりに、「そうそう〝イヌガリ〟やってたわよ」、その一言に婆ちゃんの両目は最大限に開き、振り返った。そして私の横に転がったどりの首輪を見つけた。刹那、婆ちゃんは店を飛び出して行った。私も急いでゲタを突っかけ婆ちゃんの後を追う。が、既に婆ちゃんの姿は私の視界にはなかった。仕方なく、私は町内を歩き回った〝イヌガリ〟、そのとてつもなく恐ろしい言葉を口にしながら。乾物屋のもっと先の八幡様の前で婆ちゃんを見つけた。窓から顔と右腕を出したトラックの運転手と話していた、いや、婆ちゃんは大声で怒鳴っていた。急いで駆け寄ると荷台のゲージの中には数匹の犬。興奮した叫びを放っている。その中にどりもいた。

どりは幸運にも婆ちゃんに助け出された。しかし残された犬たちは〝イヌガリ〟の怖いおじさんたちに殺されてしまうのだろうか。散歩したいだけなのに。誰がこの犬たちを殺すケンリがあるんだよ。そのとき私は怒りと悲しみを覚えた。

どりが子犬を産んだ。大きなダンボールに大豆が入っていた麻袋の特製布団が敷かれ、どりと四匹の子犬が眠っていた。どうして子犬が生まれるんだろう。彼女が散歩の途中でオトナノレンアイを楽しんでいたことなど、当時の私が知る由もない。誰かを好きになったら、それだけで赤ちゃんが出来るんだと真剣に思った。だから、私の好きなユウちゃんに赤ちゃんが出来たらどうしよう、なんて本気で心配したりした。どりの子供たちはどれも同じ顔をしていた。私には見分けはつかないが、どりには分かるのだろうか、そんなことを思った。翌日私がゲットしたのが、子犬たちの命名権だった。ただ悲しいことに半世紀前の記憶を呼び戻すことは出来ない。ただ、確かに、一匹は〝シロ〟と名付けたことを覚えている。

どりの子供たちは、順々に姿を消していった。どこかに貰われていった。わざとかどうか、私の知らないうちに知らないところへ。ただ一匹だけ、シロはいつも行く近くの銭湯に貰われた。私がシロと名付けたどりの子は、お風呂屋さんのお姉さんに連れられて散歩のついでに豆腐屋に寄ってくれた。気配なのか臭いなのか、どりは察すると上がり框でクルクルと回りながら〝ワン・ワン〟と踊った。やっぱり、子供のこと分かるんだ、会いたかったんだ。婆ちゃんの「よし」、その声でどりは、シロに突進していく。シロもクンクンと鼻を鳴らしながら、お姉さんの手にした鎖（リードなんて洒落た呼び名は無かった）を引っ張り後ろ脚で立ち上がりながらどりを待っている。

やっぱりお母さんが恋しいんだ、いつも一緒にいられない親子が可愛そうだと思った。

どり、私も天命を知る歳になったよ。これからの余生を考え、そして今までの人生を振り返ってみたくなる歳だ。どりは私に色んなこと教えてくれたんだね。生命の誕生、笑い、悲しみ、怒り、老い、そして人（犬？）生の最後。どり、ありがとう。そうだ、買いに行こう。赤いソーセージ。どりの大好きだった赤い魚肉のソーセージ。それに甘いみかんの缶詰。それを肴にこの半世紀を振り返りながら静かに一人呑むのがいい。どり、どりは天国でも婆ちゃんの「よし」を待っているのか。

エル

仲　淳子

動物ぎらいの母が、犬を飼うことを許してくれるようになった経緯は覚えていない。ただ、はじけるような喜びを感じたことは鮮烈に覚えている。同級生の飼い犬が産んだ五匹の子犬の中で、一番目の大きい一匹を、約束した一ケ月が待ちきれずに引き取りに行った。用意した首輪から、するりと抜けてしまうほど小さい小さい子犬は、母犬を恋しがって一晩中鳴いた。茶色の雑種に、迷うことなく国語の教科書に出てくる小説の主人公の飼い犬の名をそのまま名付けた。エル——幸田文の作品だったと思う。

小学校三年生だった私にとってエルは「もう一人の弟」となった。いや、けんかばかりしていた実の弟より、よほどかわいがっていたようにさえ思える。公園のすべり台も抱いていっしょにすべり下りた。オルガン教室にも連れていった。レッスンの間中、外につないだエルのことばかり思っていた。

エルとの最初の二〜三年は、幸福な思い出ばかり残して過ぎていった。五十年以上も昔のこと、ドッグフードもなく、かまぼこの板ですら喜んで歯形だらけにしたものだ。ごはんにみそ汁の残りをぶっかけたものを、おいしそうにピチャピチャ音を立てて食べていたこともあった。

そんな幸福が打ち砕かれる出来事がおこってしまったのは、私が小学校の高学年の頃である。エルの目が、みるみるうちに白濁し、エルは失明した。緑内障というのだろうか、私が好きだった、小首をかしげるようにして私をじっと見つめてくれたエルの目は、深い湖のような水色とも緑ともつかない色に変わりはててしまった。

近所の犬が突然死したことがあった。心ない近所のおばさんが、「あの変な色の目をした犬に悪い病気を移されたからだ」と言って回っているのを聞いた。庭の外からエルを見て、「気持ち悪い」と笑い合う小学生たちも見た。

私とエルののびやかな日々は終った。私は庭の外についている小さな門を一日中ぴたりと閉じるようになった。エルの犬小屋を門から一番遠い所に置いて、通行人から見えないようにした。散歩は夜にした。目の見えないエルは、いろんな場所に体をぶつけては痛そうに悲鳴をあげ、それでも夜の散歩を待ちかねて、鎖をはずす間も喜びの余り、ちぎれるほど尾を振った。

不幸は、エルと私のつながりを濃いものにした。エルは、私の足音を聞き分け、私が学校から帰ると、全身で喜びを表した。私の動きを全身を耳にして知ろうとし、見えない目でひたすら私をさがした。エルはまた、父の自家用車の音も覚えて、父が帰宅して車から降りると、喜びの声を上げて、駆け寄るのだが、植木や石にぶつかっては、転び、鳴き声を上げるのであった。ひたすら私を慕い頼りにするエルはいじらしくもあったが、他人に見られたら恥ずかしいという気持ちも正直あった。

エルが目に見えて食欲を無くしたのは、私が中学校に入学して間もなくのこと。心配ではあったが、風邪などで、体調を崩したことも過去に経験しているので、さほどとも思っていなかった。

六時間目の国語の授業中、確か、志賀直哉の「清兵衛と瓢箪《ひょうたん》」を読んでいたのだと思う。突然、胸騒ぎがして、授業が終わるや、走って帰った。犬小屋のエルは、私の足音を聞いても走り寄ってこなかった。

父が木箱で棺を作り、エルの好物のソーセージを入れた。祖母が亡くなった時も、我慢して涙を出さなかったのに、父が「エルもこんな箱に入ってしまったな」と言ったとたんおいおい泣いてしまった。

おおらかな時代で、エルの棺は、近くの堤防の土手に埋めた。時々、邪険に扱ったこと、あんなに楽しみにしていたのに、散歩をさぼることもあったこと。後悔や罪悪感が心の中に吹き抜けた。幽霊は怖いけど、エルだけは、出てきてほしいと思った。時々、思いついた時に、エルの棺を埋めた場所あたりを目掛けて、小遣いで買ったソーセージを投げ落とした。

あれから半世紀、今では雑種の犬を飼う人も見かけなくなった。由緒ある血統の犬をペットショップで手に入れるのが主流のようだ。ウェアを着せたり、玩具を与えたり、昔よりずっとお金や手間をかけ、大切に飼っているように思える。

今でも、エルの鎖のさびた鉄の匂いを思い出す。スマホやゲームのない時代、間違いなく、犬と子供のつながりは今より深かった。

もはや、エルを埋めた場所の記憶もおぼろげだが、命日は覚えている。

ちびっ子マネージャー

河野　彦次郎

最近、わが家の庭にちょっとした変化があった。夏の初め、私と妻と次男坊の三人で、日曜大工を始めたのだ。

まず手始めに塀を作った。次にミニバルコニー。これが仕上がるとさらに内門を。屋根をイメージし、ぶっきらぼうにタルキを固定し、中央に家紋を据え付けた。すると不思議に運気が高まったように思えた。三点が増えただけでこれほど空気感が変わるとは、まさに驚異であった。塀をバックに琵琶、豊桜、椿、銀杏などが鮮やかに浮き出て、特にのびのびと成長したソテツなどは、恰《あたか》も庭の守り神のようにどっしりと貫録を見せている。

つい一年半前。わが家の一員に加わったミッキー。すでに四代目インコとなるが、いまでは家族の一員どころか、なくてはならない存在だ。早朝のミニバルコニー。庭を眺めながら、妻とミッキーとお茶を飲む。これがまさに至福のラッキータイムなのだ。妻が、

「幸せを呼ぶ青い鳥なんていうけど、ミッキーは我が家の守護神よね。みんなを守ってくれてるんだから」

と眼を輝かせる。私はふと、

「やっぱり内門に家紋を張り付けたこと。何か意味があったかもな」呟くように言った。

「そりゃあ、言えてるかもよ」妻が微笑《ほほえ》んだ。

ミッキーは黄色のブチ。よく喋る。「ご飯食べると?」とか「散歩行ってくる」「トイレ行ってくる」などはいつものこと。何より泣かせるのは、ちょいと留守するだけで「パパサビシカッタヨ、ミッキチャンオリコウ」と指に止まって言う。ここまでくるともはや人間の会話だ。が、まずそこに至るまでの悲しい経過についていささか触れねばならない。

ふりかえると、いくら後悔してもしきれないほどへまをしでかしているのだ。今でも胸が痛む。何しろ初代から三代目まで不慮の出来事の連続だった。うっかりふんづけてしまったり、夜、網戸を破って侵入した巨大猫に襲われたり、ドアの隙間から飛び出したきり消息不明になったり、いずれもちょっとした不注意がもとだ。悲しみのどん底に突き落とされた。ショックに耐えられなかった。のちにどこかの学校の職員室に飛び込んで助けられたインコがいるという話を聞き及ぶと、もしかしてと、一縷《いちる》の望みを抱いたものだ。そしてどこかの家庭に拾われ助かってはいまいかと、数日、近所や公園などを探索したりもしたが、虚しさが残っただけだった。そのうち四代目の雛《ひな》がきて、ミッキーマウスのミッキーと名付けた。これでなんとか救われた気がした。今度こそは、失敗は許されない。と、まるで赤ん坊をあやすような面持ちで育て始めた。そろそろ二年近くなる。頭がよく、甘えん坊で、さびしがり屋。よく喋り、はしゃぐ。特にバルコニーでのはしゃぎようは言いようもなく楽しい。それを見守るかのような家紋。がそれを作るそもそものきっかけになったのは、ある時、時計屋の旦那が放った一言であった。彼はさりげなく「うちらの先祖はね、海賊やで」と言った。私が「冗談だろう」という顔すると「つまり水軍のことやがな」と笑う。

しかしやはりこれは気になる。家紋の起源など、早速ネットで検索する。と、眼を見張るような世界が広がっていた。話は鎌倉幕府時代に遡る。源平合戦での河野水軍の働きを認められ、上級武士御家人の位を源頼朝から与えられたこと。【弘安の役】で河野通有率いる水軍が、蒙古襲来から日本を救ったことなど。親はそんなことには頓着なく、ただ氏族だとか墓石に彫られた家紋の型を強調したぐらいだったから、尚更関心が高まった。思いがけない先祖のルーツ。その栄誉をしかと認識させられた。それが動機だと言える。

それにしても冒頭のように、ミッキーの表現力が豊かなことには驚かされる。食事して映画を見て帰るぐらいで「寂しかったよ。ミッキーちゃんお利口さん」と訴えるように言う。これには毎度泣かされるのだ。「この分じゃあ、うっかり旅行もできないね」と苦笑いだ。さらにテレビ見ながら笑っていると「何がおかしいと?」とか本をめくると「なにしちょっと?」と手に乗ってくる。そして何か悪いことをして激しく怒ると「ごめんなさい」と言ったあと「ミキチャンだいじ」とくる。このタイミングの良さと、いつどこで覚えたのかと感心させられる。もはや人間としての感性を備えているようにさえ思える。言葉の吸収力は天才的だ。これではまるで孫か、末っ子みたいに可愛いと言うと妻が苦笑いする。喋るインコなどごまんといる。しかし、他とはどこか違う気がするのは、やはり親馬鹿チャンリンか。それにしても、いつも私の行動を先読みしているのには驚く。腹時計でも持っているのかと驚くほどだ。だいたいその時刻になると「チャブチャブ（おふろ）にはいっとね」とか「ご飯食べると?」とか、朝食が済み、ぐずぐずしてると「トイレ行かんとね」とくる。また青汁を飲む時間などを必ず教えてくれる。このタイミングの良さに「おまえ、まるでちびっ子マネージャーだな」と大笑いだ。それほど彼の驚異的な観察力には兜を脱ぐ。

凄かったのは何もミッキーだけではない。初代のトム。愛情深かったメスだが、一途に懐いていた。忘れられない。胸が痛む。庭の隅にトムの墓を建てた。ごめんよトム。守ってやれなくて。そして猫にさらわれたメル。痛かったろうね。悔しかったろうね。将棋を指していると私の肩に乗って「盗らるるよ、盗らるるよ」と応援してくれたよね。おまえ十二年もいたっけ。大空に舞ったまま帰らなかったマイク。なんだって飛び出したんだよ。今どこにいるの。亡くなったとは思いたくない。でも今、おまえたちの身代わりで、ミッキーが頑張っているよ。家族の愛情を一身に受けているから、応援してな。みんなで、ミッキーのことを見守っていてくれ。きっとだよ。

そういえばついこの前、不思議な場面をみた。

メルが被害にあって半年後。ふとみると、三代目のマイクが後ろ向きに何やらしゃべっているではないか。よく聞いていると「のさんかった（つらかった）ねえ、メルちゃん」と言っているのだ。ぎょっとした。猫にやられたメルがマイクにその無念さを訴えていたとしか思えない。何度かそんな場面を見た。しかし、その数か月後、マイクはあっけなく姿を消した。ドアの隙間からである。おまえそんなに飛びたかったのかい。ばかだねえ、そんな無茶をして。あれだけパパ、パパと懐いていた元気坊のおまえが、どこかへ行ってしまうなんて信じられない……悲しいよ。わずか一年足らずだったが楽しかった。お前ほどの元気坊なら、きっとどこかで生き抜いている気がするのだが……。

ある朝。信じられないことが起きた。

ふと見ると、庭先に二匹のアゲハチョウがふわふわと浮遊している。まるで降って湧いたように。あまりの可愛らしさに思わず私は「おいでおいで」と手を差し出した。まさかとは思いながらも、根気よく「おいで」ともう一度言った。するとはっとしたように一匹がユーターンし始めたではないか。そしてまるで高速撮影のようにゆっくりと旋回しながら近づいてきた。それから何回か旋回したあげく、何回も何回も足で指先に触り、やがて警戒心が解けたのか、そっと指先に静止した。そしてジッとこちらを見詰めるように羽を降ろした。これはまさに奇跡だと思った。そばに立っていた妻も言葉もなく息をのんでいた。娘に電話でそのことを言うと感激したように「それはきっとメルが姿を変えて会いに来たのよ」と言う。

「うむ……きっとそうかもな……」

私はそう呟いた。思わず胸が熱くなった。

以来彼は一度も姿を現さない。でもまたいつかはやってくると信じている。

猫の看病

いそだ　しんのすけ

去年は、二月のこと。

高齢の母親が、ついうっかりの転倒で大ケガをしてしまい、半年間の入院生活を強いられたのです。

そのとき、病室が殺風景だし、気持ちも沈んでいるので、愛猫を抱いた九才の孫娘の写真を小物置きになっている冷蔵庫の上に飾ってあげました。

そして、二ケ月ほどして、少し気持ちの落ち着きが出てきたある日に見舞いに行くと、〃夜眠れないと、痛い方の足をちゃちゃちゃが摩《さす》ってくれてね。そしたら、楽になってグッスリ眠れるのよ〃と、不思議なことを言ったのです。

いいえ、不思議というよりも、〃母さん、ボケも始まったのか⁉〃と心配して、こっそり主治医の先生に尋ねてみました。

すると、先生は〝その心配はないですよ〟と前置きして、こう言ったのです。

〝あれだけ痛がっていたのに、ピタッと痛み止めの薬を飲まなくなったんです！〟と。

〝ヤセ我慢できるような症状ではないはずですけどね……〟と。

猫の看病が、ほんとかどうかはともかく、順調に回復に向かっていることは、医学的に確かなことで、とにかく安心して見守ることができることに安心しました。

猫の名前は、ちゃちゃ。濃いシルバーに、濃いグレーのラインの入ったチンチラで、この年、十六才になるシニア男子です。

母が、実家の田舎の友人から、半才程で養子受けして、そのまま成長した、いわば、過保護に育った〝お母さん子〟ということです。普段の昼寝以外は別として、夜のグッスリ寝は、かならず母の枕横で、掃除機をかけるとき以外は、ほとんど母の後や横を追いて歩いての甘えん坊です。

母の外出のときには、玄関で見送ってしばらく佇み、玄関の鍵を回す音がすると、走って母の迎えに向かうのです。

他の家族には、全くそんな行動はしません。半年に一度ずつ、病院の検査と美容院に行きますが、これがまた大変で、大嫌いなカゴを見ただけで逃げてしまい、入れるときには、大暴れです。

いったん、カゴに入ってしまえば観念しておとなしくなりますが、母と二人、両手が抵抗の爪跡だらけになります。

その理由は、全くの外出をしないことです。とにかく、外界が恐いのです。

しかし、外界に対して本能的な好奇心はあるようで、窓のガラス越しにジイーッと、鳥などを目で追いかけています。

そんな、ちゃちゃが、母が退院して間もなくの十月、母が元気に帰って来たことに安心したように、急に体調を崩して、そのまま帰らぬ命となってしまいました。

それまでは、目立った症状は特にはなく、単に、母がいないので元気がないのかなあ、というくらいにしか感じませんでした。

自分が、もっと気にかけてやればよかったのですが、いかんせん、十六才という年令の老化による衰えは避けられませんでした。

せめて、大好きな母に看取られて幸せだったと思ってあげたいです。

そこで、母の入院時の〝ちゃちゃの看病〟の一件ですが、ほんとかどうかは、横に置いてみることにして、母の言う通りだとしてこじつけを探してみれば、ちゃちゃの生霊だったのかもしれません。

馬鹿馬鹿しいと、言ってしまえばそれまでですが、他に説明どころがありませんし、その方が、猫の神秘的なイメージでロマンがあると思います。

ちゃちゃにしてみれば、大好きなお母さんが急に何ケ月も家からいなくなって、心配で淋しくて仕方ない念が、生霊となったのです。

とにかく、自分はそう信じたいですし、母は、そう信じています。

ですから、家のそこかしこには、ちゃちゃの十六年間の写真が飾ってあります。

そして、ちゃちゃの寛ぎの定位置だったテレビ横の本棚の上は、使っていた品々を置いて仏壇がわりとなっています。

今回、よっぽど写真を添えようと考えたのですが、母が、どうしても嫌だというので同封しませんでした。

写真一枚でも、手離したくないのは、ちゃちゃは、立派な家族だと思っているからです。


ありがとう、ちゃちゃ。

お父さんも、ずっと大好きだよ！

「私」と「彼女」という関係

佐々　秋風

　私と彼女の出会いは、湿気を帯びた生ぬるい風が肌をなでる残暑のことだった。灰色の毛並みと小柄な体。ネザーランドドワーフという種類のウサギだった。そこはウサギ専門店なだけあって、多くのウサギがいた。しかし、その店に入った瞬間から私の目を引くのは彼女だけだったのだ。

　彼女は自分の排泄物を踏みつけるのが好きだった。硬い糞ならさほど問題は無いのだが、彼女は軟らかい糞も尿もお構いなしに踏んづけていく。そのせいで彼女の足の毛に糞がこびりついてひどく汚れてしまった。ぬるま湯で絞ったタオルで拭いても落ちてくれない頑固な汚れだ。そこで仕方なく風呂に入ってもらうことにした。ウサギは体が濡れることを嫌う。これはウサギに関する書籍には大抵書いてあることだ。彼女も例にもれず風呂はお気に召さなかったらしい。そして何より嫌がったのは風呂上がりのドライヤーだ。やはりあの大きな音が不快なのだろう。しかし、生乾きのままだと風邪を引いてしまう。私はドライヤーに怯えて暴れる彼女の気を紛らわせることはできないだろうかと考え、適当に作った即興の歌を歌ってみた。大丈夫だよ、怖くないよというようなことをでたらめなメロディーに乗せた安っぽい歌だった。余談だが、当時の私は歌手になることを夢見て、毎日歌の練習をするほど歌う事が大好きだったのだ。私が歌い始めると、彼女は動きを止めて私の方をじっと見上げた。私は彼女に笑いかけると、歌い続けながらドライヤーで彼女を乾かしてやった。彼女はドライヤーが終わり、私の歌も終わるまでじっと動かなかった。

それ以来、私は彼女に歌う事が多くなった。それまでは完全に一人の世界を作って歌う事が多かったが、私の歌に耳を傾けてくれる彼女という「客」ができたことで、彼女のために歌う喜びを得た。それは時には彼女の子守歌になりさえした。私は、私の歌をこれほど穏やかに聞いてくれる「客」がいることに大きな喜びと幸福を感じた。

そんな日々が八年続いた。そして終わりを迎えた。出会った頃とは正反対の、身を切るような寒さ。音を立てて吹く風に混じる雪が、頬を打つような冬だった。その頃になると彼女は老衰し、体を横たえ、ちょうど人間が横向きに寝るのと同じような姿勢で寝ている事が多くなった。その日も彼女はお気に入りのクッションの上で体を横たえていた。ピクリともしなかった彼女が突然、横たわったまま、足を激しく動かした。何かから逃れるように、必死に足が空を切っていた。その時私は彼女のケージを掃除している最中だった。

しまった。

突然暴れだした彼女に驚いて慌てて彼女に近寄ったが一言声をかけただけで掃除に戻って

「どうしたの？　もうちょっとで掃除終わるから待ってね」

そして掃除を終えて彼女の元に戻ると、目を見開いたままで彼女は既に息絶えていたのだ。

それから数日のうちに、近所の霊園で彼女の火葬をしてもらった。片手で抱えられるほどに小さい彼女の骨壺を抱え、家への道を吹き付けてくる雪に抗《あらが》いながら歩いている時になってようやく、私たちの時間が終わったことを実感した。

それ以来、私はあまり歌わなくなった。彼女という「客」のいないステージはもはや何の魅力もなかった。そして私は実感するのだ。彼女がいかに大切だったのかを。そして同時に後悔もする。あの最後の瞬間、彼女が死という魔物に全力で抗った時、頭をなでて、いつものように歌ってやれば良かったと。

あれから三年経った今も、この後悔が時折私の心を乱すのだ。

うちに嫁いだ猫

佐藤　紫寿

我が家のチビは、もはや猫ではない——というより、彼女はいつからか、自分から進んで猫であることをやめてしまったのだと思う。

今、彼女は目を閉じ、伸びをしかけたような恰好《かっこう》のまま、クッションの上に横になっている。そうしている限りは、普通の猫にしか見えない。背中は黒毛、おなかは白毛、顔は鉢割れの、よくある二色模様だ。外見なら、彼女は他の猫とちっとも変わらない。

チビはもともと、佐渡ヶ島の漁村のノラ猫だった。島は僕たち家族の故郷で、盆暮れにはいつも帰省していた。

今から二十年前のお盆休みのこと。島の実家にはエアコンも扇風機もなかったから、夕方まで縁側《えんがわ》の窓を開けっぱなしにしていた。子供だった僕は、出前のラーメンのどんぶりを抱えて、ひとり縁側にすわって夕涼みしながら食べていた。

食べ終わって、どんぶりをそのままにして少しの間その場を離れ、また戻って来ると、白黒の毛皮を着たちいさな生き物が、どんぶりのふちに前足をかけ、中に顔を突っ込んでいた。ぺちゃぺちゃと音を立てて、残ったラーメンの汁を夢中でなめている。僕に気づき、ピキィ、と一度だけ鳴いて、またどんぶりに顔をうずめた。

初めて出会った時のチビは、せいぜい生後二、三か月くらい。ひどく痩《や》せていた。家族や仲間はおらず、自分の縄張りもないようだった。毎晩、近所のボスとおぼしき目つきの悪いトラ猫に追いかけ回され、その度に、静かな田舎の夜にうなり声やら絶叫やらが響《ひび》きわたった。

「またチビがいじめられてる。うるさくて眠れやしない」

そこで僕たち家族は、お盆が終わって島を出る時に、チビも新潟に連れて帰ることに決めた。

もう一度出前のラーメンを取って、残りの汁をご馳走したら、チビはあっさりとつかまった。すでにチビと名付けていた時点で、僕たちの間には絆が生まれていたのだ。

わけも分からず船に乗せられ新潟の家に着くなり、チビは新たな試練に見舞われた。

実は我が家には、すでに猫が一匹いた。いちおう、血統書付きのチンチラ（♂）だ。そいつとチビが、初めて顔を合わせるなり衝突した。といっても、ウーウーうなって威嚇《いかく》するのはチビの方だけで、チンチラはきょとんとしている。

「これこれ、いったいどうしたというのかね。どうか落ち着きたまえ。ここにいる猫は、あなたとわたしだけ。楽園のアダムとイヴのように、ふたり仲良くやっていこうではないか」

ペットショップで育ち、生まれてこのかた生活に不自由したことのないチンチラは、元ホームレスの凶暴な新入りをどうにかなだめようとした。そんな先輩猫のおっとりとした顔面が近づく度に、新入りは鋭い右フックを食らわせた。

一向に仲良くならない二匹に、僕たち家族は困り果てた。どちらの猫にもストレスになるばかりだった。仕方なく、チビは愛知の親戚の家に送られることになった。すでに猫を十匹以上も飼っている家である。

どんなことになるか、予想できなくもなかったが、むしろ大家族なら慣れてくれるかもしれないと淡い希望にすがった。田舎よりも都会の方が、交友関係が広く浅くなる分、かえって余計な気を遣わずに済む――人間の理論を、猫のチビにもなすりつけてしまった。

チビはさっそく向こうのボスに目を付けられた。あんまり執拗《しつよう》にいじめられるものだから、そのボスの顔を見るだけで、おしっこをもらしてしまうようになった。

猫の世界にもいじめがあり、なじめない者はどんどん居場所を失ってしまう。十数匹程度のコミュニティですら、そんな猫が二、三匹は出てくる。その猫たちと一緒に、チビも個室に隔離《かくり》されることになった。同じ痛みを分かつ者同士、彼らは少なくともケンカはしなかった。

しかし、チビの抱え続けていたストレスは、すでに彼女の身体を蝕《むしば》んでいた。彼女は重い腎臓の病気にかかっていた。治療にウン十万かかったという親戚からの悲鳴を受けて、僕たち新潟の人間もさすがに責任を感じた。

こうしてチビは、数年間の愛知での不幸な生活を送ったのち、新潟に呼び戻された。生まれてからただの一度も、自分と同じ猫と仲良くできなかったチビ。……自分はだれにも好かれない運命なんだ。もうだれも信じられない。愛知から新潟までの飛行機の中、真っ暗な檻《おり》に閉じ込められ、彼女はひとりそんなことを思っていたのだろう。

そんなチビを新潟の空港に引き取りに行ったのが、僕の親父だった。

「勝手に飼うとか、手に負えないからよそに送るとか、やっぱりうちで面倒見るとか、いい加減なことばっかり言いやがって……」

親父はそもそも、チビを佐渡ヶ島から連れてくること自体、反対していた。それでも、僕たち人間の身勝手にこれ以上チビが振り回されるのを見ていられなかったのだ。

親父はチビのことを特別かわいがったりはしなかったけれど、チビは親父にべったりになった。空港まで迎えに来て、檻の中から自分のことを救い出してくれた白馬の王子様だと思ったのだろう。

毎晩、親父が寝る時間が近づいてくると、チビは先に布団の上にすわって、毛繕《けづくろ》いなどして親父を待つようになった。親父が夜遅くまで仕事でパソコンに向かっていると、「早く寝ましょうよ」と言いたげに足元にすり寄ってきて、温めておいた布団まで誘導しようとする。

母親がやきもちを焼くくらい、出戻りのシンデレラ・ガールは、親父から片時も離れようとしなかった。

「もう、あなたしかいないの」

愛情に満ちたまなざしで親父を見上げるチビは、もはや猫には見えなかった。他の家族の人間たちがどんなにまめに世話を焼こうとも、チビはまっすぐ親父だけを見ていた。同居するオスのチンチラになど、目もくれなかった。

僕も三十代になり、容貌やら声やらがずいぶん親父に似てきて、人に会ったり電話に出たりすると、たいがい親父に間違われるようになった。が、チビが僕を親父と間違えて甘えてくることなど、ただの一度もなかった。

「男は外見じゃないのよ。まだまだガキね」

と、タンスの上から小馬鹿にしたように僕を見下ろすチビ。苦労した女性は、苦労した男に惚《ほ》れるものなのだと思った。

チビがあんまり親父に密着して寝るものだから、親父は夜通し寝返りひとつ打てず、体調不良をうったえるまでになった。

「俺を早死にさせる気か」

親父が文句を言うと、チビは嬉《うれ》しそうに目を細めてノドを鳴らした。恐ろしい女だ。

親父との蜜月の時を過ごすうちに、チビはあっという間に二十歳になった。人間なら成人式を迎える年だ。けれども、自分のことを親父の奥さんだと信じて疑わなかったチビは、ずっと前から一人前の人間だったのかもしれない。

今、彼女は目を閉じ、伸びをしかけたような恰好のまま、クッションの上に横になっている。クッションは、親父がテレビを観る時にいつも使っているものだ。親父が帰ってくるまで、ほとんど一日中、彼女はそこでひとり眠っている。

二十歳を迎えた年の秋。さわやかに晴れた今朝も、いつまでもそうして気持ちよさそうに眠っているから、チビが遠くに旅立ってしまったのだと、だれもすぐには分からなかった。

それくらい、彼女の表情はおだやかだった。

キミはずっと家族 ペットだなんて呼ばないよ

2016年5月30日　初版第1刷発行

編　者　「キミはずっと家族」発刊委員会
発行者　瓜谷 綱延
発行所　株式会社文芸社
〒160-0022 東京都新宿区新宿1-10-1
電話 03-5369-3060（代表）
03-5369-2299（販売）

印刷所　株式会社暁印刷

ISBN978-4-286-17464-8